# TYPENBUCH FELDKOLOSSE

Jürgen Hummel

# TYPENBUCH
# FELDKOLOSSE

EuropäischeTraktoren
in Deutschland
von 1930 bis heute

KOSMOS

Mit 139 Farbfotos

Die Bildautoren sind beim jeweiligen Bildtext genannt. Nicht gekennzeichnete Aufnahmen stammen vom Verfasser. Die dortigen Nummern in Klammern bedeuten:
1 Udo Paulitz; 2 Richard Weilach; 3 Gerhard Rieder; 4 Andreas Bock; 5 Konrad Ritz; 6 Archiv Horst Hintersdorf; 7 Bestand Deutsches Landwirtschaftsmuseum Markkleeberg/Fotos: Irmler, Harnapp; 8 Werkfoto Fendt-Agco GmbH; 9 Werkfoto Rabewerk GmbH & Co.; 10 Werkfoto New Holland Deutschland GmbH; 11 Werkfoto Renault Agriculture GmbH; 12 Werkfoto CASE Germany GmbH; 13 Werkfoto Landini GmbH; 14 Werkfoto Traktorenwerk Lindner; 15 Werkfoto Valtra Vertriebsgesellschaft; 16 Werkfoto Belimpex Handels GmbH; 17 Werkfoto Deutz Fahr Agrartechnik GmbH Lauingen; 18 Werkfoto JCB Baumaschinen- und Industriemaschinen GmbH

Umschlaggestaltung von Atelier Jürgen Reichert, Stuttgart.
Die Fotos zeigen einen Volvo-Bolinder-Munktell 350 mit 56 PS von 1963 (Foto Paulitz), einen französischen Vierzon-Glühkopf-Traktor VF 1 mit 12,7 l Hubraum und 44 PS von 1947 (Aufnahme Paulitz). Darunter einen englischen Ford 6600 mit 78 PS von 1976 und eine moderne Claas-Challenger-Raupe mit 242 PS (Fotos Verf.). Auf der Umschlagrückseite ist ein Mercedes-Benz-MB-Trac 1500 mit 150 PS von 1980 abgebildet (Foto Verf.).

Das Bild auf Seite 7 aus der Sammlung H. Hintersdorf zeigt einen Famulus-Radtraktor mit Halbkettenantrieb aus der Traktorenproduktion der DDR der sechziger Jahre.

Lektorat und Herstellung: Siegfried Fischer, Stuttgart

Die Deutsche Bibliothek – CIP-Einheitsaufnahme

Ein Titelsatz für diese Publikation ist bei
Der Deutschen Bibliothek erhältlich

© 2001, Franckh-Kosmos Verlags-GmbH & Co., Stuttgart
Alle Rechte vorbehalten
ISBN 3-440-08239-3
Printed in Czech Republic/Imprimé en République tchèque
Satz und Reproduktion: Typomedia GmbH, Ostfildern
Druck und Bindung: Tesínská Tiskárna AG, Ceský Tesín

# Typenbuch Feldkolosse

# Zu diesem Buch

Die Motorisierung der Landwirtschaft in Deutschland wurde zum großen Teil von deutschen Firmen und deren Konstrukteuren vorangetrieben. Agrarpioniere wie Max Eyth, die Erfinder und Tüftler wie Nikolaus Otto, Rudolf Diesel, Karl Benz, Gottlieb Daimler, Firmengründer wie Xaver Fendt, Heinrich Lanz, die Gebrüder Eicher haben sicher maßgeblich zur technischen Entwicklung in der Landwirtschaft beigetragen.

Doch man darf den Blickwinkel nicht auf Deutschland beschränkt lassen. In Nordamerika waren technische Pioniere ebenso fleißig. Unter den speziellen Gegebenheiten war der Drang zur Motorisierung noch größer: hier reichten nicht ein oder zwei Pferde, um einen Mähbinder zu ziehen, Fotos zeigen Gespanne mit zehn und mehr Zugtieren, um Mc-Cormick-Getreidemäher zu ziehen. Der Automobilpionier Ford befasste sich automatisch mit Zugmaschinen und Traktoren. Traditionsmarken wie John Deere oder Caterpillar blicken auf eine lange Geschichte zurück.

Auch in Europa brachte jedes Land seine eigenen Kapazitäten hervor, die sich durch eine hohe technische Begabung auszeichneten: in Italien waren es die Brüder Cassani, die Anfang der zwanziger Jahre den Grundstein für SAME legten, heute einer der großen Hersteller. FIAT baute zur selben Zeit den ersten Traktor, Renault in Frankreich ebenfalls. Englische Firmen und deren Gründer schrieben auch Technikgeschichte: Harry Ferguson mit der Regelhydraulik gründete ein Unternehmen, das heute als einer der weltgrößten Hersteller agiert. Auch Länder, die zunächst weniger als Agrarmacht in Erscheinung traten, haben in zeitlich ähnlichen Phasen begonnen, Motoren und Traktoren zu bauen: Bolinder-Munktell bzw. Volvo in Schweden.

Daneben gab es auch überall die vielen kleinen Hersteller, die nicht weniger an der Technisierung der Landwirtschaft beteiligt waren, aber irgendwann verschwanden, gekauft wurden oder die Produkion aufgaben: Vierzon in Frankreich, Porsche oder MAN in Deutschland und Nuffield in Großbritannien.

Eine Sonderstellung verdient die Betrachtung der ehemaligen DDR. Dort fanden viele Produkte der RGW-Länder Verwendung. Vielleicht war dies auch mit ein Einstieg in erste Versuche, Zetor-, Ursus- oder Belarus-Traktoren in die übrige westliche Welt zu exportieren. Heute sind diese Marken selbstverständlich auf jeder landwirtschaftlichen Ausstellung vertreten und versuchen, ihre Marktanteile mit den typischen Vorteilen zu erreichen: einer eher anspruchslosen, robusten Technik und einem vorteilhaften Preis.

Dasselbe gilt für russische bzw. sowjetische Hersteller, die in den ganzen Ostblock lieferten und deren Spuren bis heute zu verfolgen sind. Auch sie haben mitunter Meilensteine gesetzt: was früher als kommunistische Gigantomanie galt, ist heute normal: ein Nachfolgebetrieb einer LPG in Mecklenburg-Vorpommern mit 2000 ha kann mit heutigem Maschinenpotential und Management von zwei bis drei Vollarbeitskräften bewirtschaftet werden. Voraussetzung sind u. a. Maschinen wie sie in der Landwirtschaft der DDR beispielsweise eingesetzt wurden, unter anderem der Leningrader Kirowetz-Knicklenker oder deren Konkurrenzprodukte von John Deere, Case und anderen Herstellern.

Dieselben technischen Anforderungen galt es in Nordamerika oder Kanada zu meistern, wo die Flächenverhältnisse ähnlich sind.

Die übrigen renommierten Hersteller entwickeln ihre Maschinen laufend weiter, um den Anforderungen an eine moderne, schlagkräftige Bewirtschaftung (und Nahrungsmittelerzeugung) gerecht zu werden: immer größer, immer komplexer, immer mehr Aufgaben auf einmal erledigen, ständig überall Informationen erstellen, aufbereiten und zugänglich machen. Der PC und die Satellitennavigation spielen längst eine große Rolle.

Ford und IHC traten in Deutschland recht früh in Erscheinung, IHC sogar mit eigener Produktionsstätte. John Deere konnte sich mit der Übernahme von Lanz gute Startvoraussetzungen schaffen. Anfang der sechziger Jahre kamen die ersten echten Importe ins Land, oft über deutsche Hersteller, die die eigene Produktpalette damit ergänzten: Wahl importierte David-Brown-Schlepper, Bautz jene von Nuffield. Andere Firmen schufen eigene Vertriebszentren. Der Bedarf an Traktoren war so groß, dass fast jeder Hersteller versuchte, seine Produkte am deutschen Markt unterzubringen.

Heute hat sich das Szenario im Zeichen der Globalisierung stark verändert: wie in der Automobilbranche werden nur wenige Hersteller den Konzentrationsprozess überleben.

Same-Deutz-Fahr beinhaltet auch die Programme von Hürlimann und Lamborghini. Fiat, Ford und New Holland sind zusammen, zuletzt ist auch noch CASE, der Steyr (neben vielen amerikanischen Herstellern) übernommen hatte, der Gruppe beigetreten.

Fendt kam unter die Fittiche der AGCO-Gruppe, zu der auch Massey-Ferguson gehört, wobei MF unter vielen anderen auch schon Landini übernommen hatte.

Alte Klein- und Nischenhersteller sind verschwunden, neue etablieren sich am Markt, einige davon sind aus den großen VEB der ehemaligen DDR entstanden.

Einige Zahlen zum Traktorenbestand: 1950 gab es in Deutschland (BRD und DDR) 178000 Traktoren, 1960 926000. Dies war die Zeit, in der es auch viele kleine Hersteller gab, die teilweise auch aus zugekauften Teilen Traktoren, sogenannte Konfektionsschlepper, herstellten bzw. montierten. Die Zahl stieg nochmals auf knapp 1,5 Millionen im Jahr 1970. Dann aber verharrte sie über annähernd zwei Jahrzehnte auf 1,6 Millionen 1980 bzw. 1,5 Millionen 1990. Seit dieser Zeit ist ein Trend zum Rückgang festzustellen: Mitte der neunziger Jahre lag die Zahl bei 1,4 Millionen. 1998 werden über das Jahr ca. 27000 Traktoren neu zugelassen. Marktführer mit knapp 19 % Anteil an dieser Zahl ist John Deere, gefolgt von Case-Steyr und Fendt (um 4000 bis 5000 Traktoren). Deutlich weniger Stückzahlen erreichen New Holland (1999 mit Case verschmolzen), Deutz-Fahr und Massey-Ferguson (zwischen 6 und 9 % Anteil, bzw. 1650 bis 2073 Maschi-

nen). Die übrigen Hersteller Same, Mercedes-Benz (DaimlerChrysler), Zetor, Belarus, Landini, Renault und Valmet bewegen sich bei knapp 300 bis 600 neu zugelassenen Traktoren in Deutschland.

Die aktuelle Situation der Landwirtschaft stellt sich folgendermaßen dar: Die Zahl der landwirtschaftlichen Betriebe sinkt, Hofnachfolger fehlen, die Preise für Agrarerzeugnisse stagnieren, Krisen wie BSE oder die Schweinepest führen zu einem Rückgang des Fleischkonsums. Die Aussichten für Landwirte sind nicht rosig. Die frei werdenden landwirtschaftlichen Flächen werden schnell von den übrig gebliebenen Landwirten übernommen. Sie müssen wachsen oder aufgeben. Das Mehr an Fläche bearbeiten größere, schlagkräftigere Maschinen oder Lohnunternehmer. Dies hat Auswirkungen auf die technische Ausstattung eines landwirtschaftlichen Betriebes: zum einen werden größere, stärkere Traktoren gebraucht, zum anderen aber auch spezielle, an bestimmte Aufgaben angepasste, so wie zum Beispiel reine Pflegeschlepper, reine Geräteträger oder Raupentraktoren.

Dieses Buch soll ausgewählte Traktoren, besonders der oberen Leistungsbereiche, aus diesem gesamten Umfeld deutscher und ausländischer Hersteller zeigen. Natürlich können nicht alle Modelle und alle Firmen aufgeführt wer-

den. Sonderkonstruktionen, Einzelstücke und Schmalspurvarianten könnten einem späteren Band vorbehalten sein.

Über eine Resonanz zu diesem Werk würde ich mich freuen, ebenso über Hinweise auf interessante Maschinen oder gute Fotos von ihnen.

Bedanken möchte ich mich bei allen, die ihre Traktoren für mich zur Schau gestellt haben und mit technischen Daten und Tipps zur Stelle waren oder die Bilder beigesteuert haben. Auch den Firmen und deren Mitarbeitern, die Bildmaterial zur Verfügung gestellt haben, sei gedankt. Besonders erwähnen möchte ich meinen Freund Konrad Ritz für manchen guten Hinweis und manche gute Gelegenheit für Aufnahmen, Richard Weilach für Informationen über Bolinder-Munktell, Hartmut Lindner für solche über englische Traktoren, Leopold Appelt für Informationen über Landini, Horst Hintersdorf und Gunnar Irmler für ihre Mithilfe bei den Traktoren der DDR und osteuropäischen Herstellern. Ferner möchte ich mich bei meiner Familie für die Geduld bei den Fotoreisen und während der Arbeiten für das Buch selbst bedanken.
Viel Spaß beim Lesen und Betrachten der Fotos.

*Jürgen Hummel*
Stuttgart, im November 2000

Belarus-Traktoren werden in Minsk (Weißrussland) seit 1946 gebaut. Zu Zeiten, als der Ostblock bzw. die RGW-Staaten noch eine feste Gemeinschaft darstellten, belieferte Belarus diesen ganzen Raum mit Traktoren, unter anderem auch die DDR.

Der MTS 5 war in der Landwirtschaft der DDR weit verbreitet. Auch heute findet man die robusten, technisch wenig anspruchsvollen Maschinen noch immer, allerdings nicht im Einsatz.

Interessant am MTS (Minski Traktorny Zavod) war eine Variante, die nicht mit Elektro-Anlasser ausgerüstet war, sondern mit einem Zweitakt-Verbrennungsmotor, der über ein Anlassgetriebe den Motor startete. Der Zweitaktmotor selbst wurde zunächst über eine Reißleine angeworfen, später über einen kleinen Elektrostarter (so wie beim Leningrader Knicklenker Kirowetz K 700 übrigens auch). Ungefähr 15 bis 20 % der in die DDR gelieferten Belarus-Schlepper wurden so gestartet. (1)

**Technische Daten Belarus MTS 5 M**

| | | | |
|---|---|---|---|
| Motor | MTS-Viertakt-Dieselmotor, Wirbelkammer | Gewicht (kg) | 3100 |
| Zylinder | 4 | Getriebe/Gänge (V/R) | 10/2 |
| Bohrung × Hub | 105 × 130 | L × B (mm) | 4090 × 1880 |
| Hubraum (cm³) | 4750 | Geschwindigkeit (km/h) | 22 |
| Leistung (kW/PS) | 33/45 | Baujahr/Prod.-Zeitraum | 1963 |
| Drehzahl (U/min) | 1600 | Besonderheiten | Teilweise mit Zweitakt-Anlassmotor |
| Kühlung | Wasser | Stückzahlen | – |

Der Modellwechsel bei Belarus fand nicht so häufig statt wie bei den westlichen Traktorenherstellern. Der hier gezeigte Typ geht konstruktiv auf den MTS 80 zurück. Dieser wurde ab 1977 (bis 1983) an die landwirtschaftlichen Betriebe der DDR geliefert, und zwar jährlich bis zu 4000 Stück.

Belarus wollte schon vor dem Zusammenbruch der Märkte des Ostblocks in westliche Länder importieren, mit weniger Erfolg allerdings in Deutschland, mehr z. B. in Frankreich. Vor allem der niedrige Preis eröffnete wenigstens bescheidene Marktchancen. Erst Anfang der neunziger Jahre konnten sich die Zulassungszahlen in Deutschland bei rund 1000 Traktoren (3,6 % der Neuzulassungen) einpendeln und langsam steigern, wobei vor allem die Betriebe in den neuen Bundesländern auf die bekannte Technik schwören und von dort aus die Belarus-Traktoren bekannt machen. Dort liegt ihr Marktanteil bei rund 20 %. Die heutigen Modelle versuchen natürlich, technisch mit der übrigen Konkurrenz möglichst gleich zu ziehen, der attraktive Preis ist momentan immer noch ein großer Vorteil. (16)

## Technische Daten Belarus 572 A

| | | | |
|---|---|---|---|
| Motor | MTS-Saugdiesel D 242 | Gewicht (kg) | 3800 |
| Zylinder | 4 | Getriebe/Gänge (V/R) | 18/4 synchronisiert |
| Bohrung × Hub | 110 × 125 | L × B (mm) | 3930 × 1970 |
| Hubraum (cm³) | 4750 | Geschwindigkeit (km/h) | 28 |
| Leistung (kW/PS) | 62 (46) | Baujahr/Prod.-Zeitraum | 1998 |
| Drehzahl (U/min) | 1800 | Besonderheiten | – |
| Kühlung | Wasser | Stückzahlen | – |

Munktell baute schon 1853 in Schweden Lokomotiven. Ab 1913 brachten die Konstrukteure erste Traktoren hervor. Sie wogen 7 t und hatten 30-PS-Benzinmotoren.

Bolinder konnte Glühkopfmotoren zuliefern, die diese Firma seit 1893 baute. Selbstverständlich arbeiteten sie wie bei Lanz in Mannheim auch nach dem Zweitaktverfahren und benötigten Dieselkraftstoff.

Der hier abgebildete rote Volvo T 230 wurde als Bolinder-Munktell in grüner Lackierung ausgeliefert, als Volvo in rot.

Als Zusatzausrüstung konnte eine Zapfwelle, die Dreipunkthydraulik und für den Frontladerbetrieb ein Zusatztank als Ballast geordert werden.

Ein kleiner Schlepper der mittleren Leistungsklasse, der zu seiner Zeit nicht nur mit den Vertretern der großen Marken zu konkurrieren hatte, sondern auch mit den Typen von kleineren Herstellern, wie etwa mit den zweizylindrigen Eicher-ED-Typen, mit dem ähnlich starken Sulzer-Schlepper S 24 oder mit dem Schlüter AS 320. (1)

**Technische Daten BM Viktor / Volvo T230**

| Motor | BM-1052-T-Viertakt-Diesel | Gewicht (kg) | 1650 |
|---|---|---|---|
| Zylinder | 2 | Getriebe/Gänge (V/R) | Volvo 5/1 |
| Bohrung × Hub | 104,77 × 130 | L × B (mm) | 2850 × 1670 |
| Hubraum (cm³) | 2240 | Geschwindigkeit (km/h) | 23 |
| Leistung (kW/PS) | 22 – 24/30 – 33 | Baujahr/Prod.-Zeitraum | 1956 – 1961 |
| Drehzahl (U/min) | 2000 | Besonderheiten | – |
| Kühlung | Wasser | Stückzahlen | ca. 16000 |

1932 schlossen sich beide Firmen zu „Bolinder-Munktell" zusammen. BM bot Halb- und Volldiesel-Schlepper an, und zwar mit zwei Zylindern, im Gegensatz zum Mannheimer „Vorbild" und Marktführer, was Absatzzahlen anbelangte.

1950 wurde BM von Volvo übernommen und firmierte fortan unter BM-Volvo. Volvo forcierte die Entwicklung von Dieselmotoren und führte Viertakt-Diesel mit Direkteinspritzung ein, die zwei, drei, vier oder sechs Zylinder besaßen.

Obwohl in Deutschland nicht sehr bekannt, gelangten doch einige Traktoren auf deutsche Bauernhöfe. Werbeschriften in französischer Sprache zeigen die Anstren-

gungen von BM, auf dem mitteleuropäischen Markt Fuß zu fassen.

Der BM 350 und sein Volvo-Kollege T 350 zählten zur erfolgreichsten schwedischen Schlepperserie. Ausgerüstet mit Wegezapfwelle, Dreipunktaufhängung, Kraftheber (ab 1964 wurden Motorzapfwelle und Hydraulik serienmäßig eingebaut), waren es leistungsfähige, vollwertige Maschinen.

In Deutschland musste der Landwirt schon einen großen Schlüter, Röhr, Eicher, Deutz oder Lanz-60-PS-Halbdiesel kaufen, wollte er ähnliche Leistungen zur Verfügung haben. Der Bedarf an solchen Maschinen war Ende der 50er Jahre natürlich gering. (1)

## Technische Daten BM 350/Volvo T 350 Boxer

| | | | |
|---|---|---|---|
| Motor | 1113-TR-Viertakt-Diesel | Gewicht (kg) | 2370 |
| Zylinder | 3 | Getriebe/Gänge (V/R) | Volvo 10/2 (2 Gruppen) |
| Bohrung × Hub | 111,12 × 130 | L × B (mm) | 3570 × 1770 |
| Hubraum (cm³) | 3780 | Geschwindigkeit (km/h) | 26 |
| Leistung (kW/PS) | 41/56 | Baujahr/Prod.-Zeitraum | 1959 – 1967 |
| Drehzahl (U/min) | 1800 | Besonderheiten | Motorzapfwelle mit separater Stahl-Lamellenkupplung |
| Kühlung | Wasser, | Stückzahlen | ca. 28400 |

Als Folge der natürlichen Gegebenheiten Skandinaviens legten die Entwicklungsabteilungen großen Wert auf die Tauglichkeit der Maschinen im Forsteinsatz.

In den sechziger Jahren wurde die Kooperation mit Finnland verstärkt: Seither wurden Volvo-Traktoren in Fiskars/Finnland gebaut.

Als weitere Folge dieser Kooperation legten Volvo und der finnische Hersteller Valmet 1979 ihre Aktivitäten zusammen. Von da an versuchten die Verkäufer, die Valtra-Valmet-Traktoren am Markt zu platzieren.

Es ist schon erstaunlich, was für leistungsstarke Traktoren Schweden Ende der fünfziger, Anfang der sechziger Jahre produzierte. Ackerbau in großem Maßstab war ja nur im südlichen Landesteil möglich.

Der BM 470 bzw. Volvo 470 mit vier Zylindern und 75 PS war eine starke Maschine, die auch in anderen Ländern ihresgleichen suchte. Da musste es schon ein FIAT 615 mit 66 PS, ein Ford Super Major oder County Super 4, auch mit 60 PS oder später ein 5000 mit 75 PS sein. Auch ein Güldner G 75 war damals wie heute ein gleichwertiges Produkt – aber, allerdings mit sechs Zylindern, genauso selten. (1)

**Technische Daten BM 470/Volvo 470 Bison**

| Motor | BM-1114-TR-Viertakt-Diesel | Gewicht (kg) | 3360 |
|---|---|---|---|
| Zylinder | 4 | Getriebe/Gänge (V/R) | Volvo 5/1 |
| Bohrung × Hub | 111,12 × 130 | L × B (mm) | 23 |
| Hubraum (cm³) | 5040 | Geschwindigkeit (km/h) | 3450 × 1900 |
| Leistung (kW/PS) | 55/75 | Baujahr/Prod.-Zeitraum | 1959 – 1966 |
| Drehzahl (U/min) | 1800 | Besonderheiten | Frontzapfwelle |
| Kühlung | Wasser | Stückzahlen | ca. 50 Allradschlepper wurden davon gebaut |

Die Agrarwirtschaft Schwedens verlangte wie beschrieben auch leistungsstarke Forstschlepper. Die großen Waldbestände und die daraus resultierende Papierindustrie erforderten schlagkräftige Maschinen zur Rodung. Nicht umsonst sind auch heute noch die Valmet-Traktoren mit dem niedrigen Schwerpunkt und dem glatten Unterboden für den Forsteinsatz ideal geeignet. Auch andere Maschinen für den Forsteinsatz kommen bevorzugt aus Skandinavien.

Der Volvo 814 ist so ein früher Vertreter von echten Forstschleppern. Er ist gut bereift: mit Pneus der Größe 14,9 – 24 und 18,4 – 38 kommt er im Forst gut zurecht. Der Sechszylindermotor stellt ausreichend Leistung zur Verfügung.

Die Stückzahlen waren nicht sehr groß, für den skandinavischen Raum aber doch beachtlich.

Die Volvo/Bolinder-Munktell waren in Deutschland nur sehr schwach vertreten, es kamen aber immer wieder einzelne Maschinen aus den Niederlanden oder aus Dänemark über die Grenze und bereicherten das hiesige Markenspektrum. Als Oldtimer-Schlepper begeistern sie natürlich durch ihre Leistung und Größe und finden vermehrt Eingang in die Liebhaberszene. (1)

## Technische Daten Volvo T 814

| | | | |
|---|---|---|---|
| Motor | Volvo-TD-60-Viertakt-Diesel | Gewicht (kg) | 6940 |
| Zylinder | 6 | Getriebe/Gänge (V/R) | Volvo 8/2 |
| Bohrung × Hub | 98,4 × 120 | L × B (mm) | 4360 × 2280 |
| Hubraum (cm³) | 5480 | Geschwindigkeit (km/h) | 30 |
| Leistung (kW/PS) | 100/136 | Baujahr/Prod.-Zeitraum | 1969 – 1979 |
| Drehzahl (U/min) | 2300 | Besonderheiten | separate Lamellenkupplung für Motor- und Wegezapfwelle |
| Kühlung | Wasser | Stückzahlen | ca. 1650 |

David Brown war eigentlich als Getriebehersteller bekannt geworden. Mitte der dreißiger Jahre schon baute Brown einen Traktor mit Regelhydraulik für Harry Ferguson. Aber auch eigene Entwicklungen, wie z. B. ein Gruppenschaltgetriebe, sprachen für die technische Kompetenz der Traktorenschmiede. Ende der dreißiger Jahre stellte David Brown seinen ersten Traktor mit Vergasermotor vor. Bis Kriegsende waren 7800 Traktoren produziert worden.

Ein besonderes Merkmal der Nachkriegsmodelle von David Brown waren großvolumige, niedertourige Dieselmotoren mit Direkteinspritzung. Lanz in Mannheim setzte zu jener Zeit noch auf den Einzylinder-Zweitakt-Dieselmotor, andere Motorenhersteller noch auf Wirbelkammermotoren.

Schon relativ bald streckte David Brown seine Fühler nach Europa aus. In Deutschland sollte ein Importeur von Mülheim/Ruhr aus die Traktoren vertreiben, was allerdings nur mit mäßigem Erfolg geschah. Dieser David Brown 900, ein zu seiner Zeit relativ leistungsstarker Traktor, wurde noch mit den für Deutschland seltenen „Muschelkotflügeln" ausgeliefert.

## Technische Daten David Brown 900

| Motor | David-Brown-3/40-Direkteinspritzer | Gewicht (kg) | 2250 |
|---|---|---|---|
| Zylinder | 3 | Getriebe/Gänge (V/R) | David Brown 8/2 |
| Bohrung × Hub | 96,8 × 114,8 | L × B (mm) | 2850 × 1640 |
| Hubraum (cm³) | 2526 | Geschwindigkeit (km/h) | 20 |
| Leistung (kW/PS) | 31/42 | Baujahr/Prod.-Zeitraum | 1958 |
| Drehzahl (U/min) | 2100 | Besonderheiten | Selectamatic |
| Kühlung | Wasser | Stückzahlen | – |

Um die David-Brown-Traktoren auch in Deutschland vernünftig anbieten zu können, musste eine schlagkräftige Vetriebsorganisation aufgebaut werden. David Brown sah eine gute Gelegenheit darin, einen bekannten deutschen Hersteller mit eigenem Händlernetz ins Boot zu nehmen. Der Traktorenhersteller und Maschinenbauer Karl Friedrich Wahl in Balingen (Schwäbische Alb) schien hierfür geeignet, nachdem eine Zusammenarbeit mit der Oskar Natorp GmbH in Mülheim/Ruhr wenig Früchte getragen hatte.

Die Traktorenpalette von Wahl, der nur Konfektionsschlepper aus zugelieferten Teilen zusammengebaut hatte, bot zu wenig Auswahl in höheren Leistungsklassen: Wahl-Schlepper gab es von 15 bis 36 PS Leistung.
Daher wurden ab 1964 David-Brown-Schlepper importiert und sogar bei Wahl montiert, wie dieser Typ 750. Das Typenschild beweist es: als Hersteller ist K. F. Wahl genannt! Mit einer Farmi-Forstausrüstung an der Dreipunktaufhängung ist der David Brown heute noch im Einsatz.

## Technische Daten David Brown 750

| | | | |
|---|---|---|---|
| Motor | David-Brown-4/20-Direkteinspritzer gedrosselt | Gewicht (kg) | 1700 |
| Zylinder | 4 | Getriebe/Gänge (V/R) | David Brown 12/4 (L/S/R) + Untersetzung |
| Bohrung × Hub | 88,9 × 88,9 | L × B (mm) | 2790 × 1530 |
| Hubraum (cm³) | 2210 | Geschwindigkeit (km/h) | 25 |
| Leistung (kW/PS) | 18/25 | Baujahr/Prod.-Zeitraum | 1962 |
| Drehzahl (U/min) | 1950 | Besonderheiten | montiert bei K. F. WAHL in Balingen, CAV-Einspritzpumpe |
| Kühlung | Wasser | Stückzahlen | – |

In den sechziger und siebziger Jahren konnte David Brown ca. 30000 Schlepper pro Jahr absetzen, ca. 1000 davon gingen nach Deutschland.

Der Typ 770 GA zählt zur „weißen Reihe". Es war schon etwas gewagt von David Brown, die rote Farbe aufzugeben und seine Ackerschlepper weiß zu lackieren, aber immerhin fielen sie dadurch auf. Auch der hier abgebildete Schlepper kam als Import über Seelze bei Hannover (nicht mehr über Wahl) schon relativ früh nach Deutschland – eine Seltenheit. Es gab ja in dieser Klasse jede Menge deutsche Konkurrenz, die leistungsfähige Traktoren präsentierte: den Deutz D 4005 , den Fendt Farmer 3, den Eicher Puma oder Tiger, oder den John Deere 510.

Und auch die Importeure schafften ihre Produkte ins Land: den Fiat 450, den Ford Dexta 3000, den Massey-Ferguson 130.

Der David-Brown-Motor ist mit einer CAV-Einspritzpumpe ausgerüstet. Der Schlepper hat die „Selectamatic", mit der verschiedene Hydraulikfunktionen (Dreipunkt, Regelhydraulik, Messerbalken) mit einem Hebel bedient werden können.

1966 zählte die Statistik 675 Neuzulassungen bei David Brown (0,8%). Fast zehn Mal soviel verzeichneten Massey-Ferguson oder Hanomag, fast 18 mal so viel Fendt mit über 10000 Einheiten.

**Technische Daten David Brown 770 GA**

| Motor | David Brown 3/49 A-349001 Direkteinspritzer | Gewicht (kg) | 1785 |
|---|---|---|---|
| Zylinder | 3 | Getriebe/Gänge (V/R) | David Brown 12/4 (L/S/R) |
| Bohrung × Hub | 2395 | L × B (mm) | 2960 × 1590 |
| Hubraum (cm³) | 100 × 101,6 | Geschwindigkeit (km/h) | 25 |
| Leistung (kW/PS) | 30/38 | Baujahr/Prod.-Zeitraum | 1966 |
| Drehzahl (U/min) | 2000 | Besonderheiten | Selectamatic-Hubkraft-Hydraulik: 725 kg |
| Kühlung | Wasser | Stückzahlen | – |

Um 1970 waren neue Investitionen notwendig, das Unternehmen übernahm sich aber bei der Kapazitätsaufstockung, und das Geld wurde knapp. Der US-amerikanische Mischkonzern Tenneco übernahm das in Schwierigkeiten befindliche Unternehmen mit seinen sämtlichen Verbindlichkeiten. Zu Tenneco zählte auch CASE. Mit David Brown sollte das CASE-Programm nach unten erweitert werden. Aber der Weg war vorgezeichnet und endete 1983, obwohl 1977 der 500000. David Brown ausgeliefert werden konnte, mit dem Verschwinden des Markennamens David Brown.

Der abgebildete David Brown wurde intern schon als „David Brown CASE Serie 90" bezeichnet. Er hat schon eine Menge Betriebsstunden auf dem Buckel und musste auch schon komplizierte Getriebereparaturen über sich ergehen lassen. Beim Verdichten der Grassilage im Fahrsilo macht er sich aber immer noch nützlich.
1980 wurde David Brown schon nicht mehr separat in der Neuzulassungsstatistik aufgeführt. Der Anteil von 0,8 bis 1,0 % war einigermaßen stabil geblieben.

## Technische Daten David Brown 1390

| | | | |
|---|---|---|---|
| Motor | David Brown 220002 Direkteinspritzer | Gewicht (kg) | 2965 |
| Zylinder | 4 | Getriebe/Gänge (V/R) | David Brown 12/4 |
| Bohrung × Hub | 100 × 114 | L × B (mm) | 3880 × 1890 |
| Hubraum (cm³) | 3594 | Geschwindigkeit (km/h) | 25 |
| Leistung (kW/PS) | 50/68 | Baujahr/Prod.-Zeitraum | 1981/82 |
| Drehzahl (U/min) | 2200 | Besonderheiten | Allrad, Frontlader, CAV-Einspritzpumpe |
| Kühlung | Wasser | Stückzahlen | – |

Die Charkower Traktorenwerke (in der ehemaligen Sowjetunion gelegen) produzierten einen Allrad-Knicklenker mit 165 PS, der ab etwa 1978 bis ca. 1982 in ca. 1000 Exemplaren in die DDR geliefert wurde. Dort war er für die Stoppelbearbeitung, Pflügen und Saatbettbereitung vorgesehen. Es war eine Modifikation des Kettenschleppers T 150. Teilweise waren sehr moderne Konstruktionsprinzipien verwirklicht: Die Gänge innerhalb der Gruppe waren unter Last schaltbar, die Kabine war schwingungsgedämpft, es gab eine Hitch-Anhängekupplung für Aufsattelanhänger, Selbstsperrdifferenziale, eine gefederte Vorderachse und zwei Zapfwellengeschwindigkeiten. Außergewöhnlich ist der Zweitakt-Anlassmotor (mit Elektrostart) mit 13,5 PS, mit dessen Hilfe der Dieselmotor gestartet wird. Serienmäßig war keine Regelhydraulik vorhanden. Die meisten der großen Bodenbearbeitungsgeräte, die in den LPG Verwendung fanden, waren ohnehin gezogen. Aufsattelgeräte werden ab einer bestimmten Größe zu schwer für die Heckhydraulik. Außerdem sind sie oft so breit, dass sie für den Straßentransport oft in Längsrichtung angehängt werden müssen.

In der DDR-Fachliteratur wurde der kalkulierte Preis mit 78000.– DDR-Mark angegeben!

Das Traktorenwerk Charkow wurde 1931 gegründet. Es wurde als das bedeutendste der Sowjetunion angesehen und produzierte 1967 seinen millionsten Traktor. (18)

**Technische Daten Charkow T 150 K**

| | | | |
|---|---|---|---|
| Motor | Charkow-SMD-62-Turbodiesel | Gewicht (kg) | 7910 |
| Zylinder | 6 (V-Form) | Getriebe/Gänge (V/R) | 12/4 3 Vorwärtsgruppen und 1 Rückwärtsgruppe |
| Bohrung × Hub | 130 × 115 | L × B (mm) | 5795 × 2400 |
| Hubraum (cm³) | 9154 | Geschwindigkeit (km/h) | 30 |
| Leistung (kW/PS) | 121/165 | Baujahr/Prod.-Zeitraum | Import in die DDR ab etwa 1978 |
| Drehzahl (U/min) | 2100 | Besonderheiten | Allrad, Knicklenkung, Zweitakt-Anlassmotor |
| Kühlung | Wasser | Stückzahlen | ca. 1000 in der DDR gelaufen |

Der größte Erntemaschinenhersteller Europas wurde 1913 in Westfalen gegründet. Schon 1919 zog Claas nach Harsewinkel, wo sich der Firmensitz auch heute noch befindet.

Die Produktpalette bestand zunächst aus Strohbindern und später Mähdreschern. Ein kurzer Ausflug in den Traktorenbau mit dem Geräteträger Claas-Huckepack war schnell wieder zu Ende. Mit der Übernahme von Bautz/Saulgau kamen Mähdrescher hinzu. Heute deckt Claas mit Schwadern, Pressen, Selbstfahrhäckslern und Ladewagen die ganze Erntetechnik ab.

Durch den Vertrieb von Claas-Mähdreschern in den USA durch Caterpillar begann Claas, deren Raupenschlepper in Europa zu verkaufen. Mit der Wende waren große Raupenschlepper auf den riesigen Schlägen in den neuen Bundesländern die idealen Zugmaschinen. Diese Challenger-Raupe wurde in Schleswig-Holstein fotografiert – also ist auch hier schon ein Bedarf für diese mindestens DM 320000.– teuren Maschinen vorhanden.

Die Raupenbänder haben einen Schlupf von 3–5 %, im Gegensatz zum Rad mit 15–20 %. Der Boden wird beim Überfahren in erheblichem Maße geschont.

## Technische Daten Claas Challenger 95

| | | | |
|---|---|---|---|
| Motor | Caterpillar-Viertakt-Diesel 3196 ATAAC Turbo mit Ladeluftkühlung | Gewicht (kg) | 15186 |
| Zylinder | 6 | Getriebe/Gänge (V/R) | 10/2 Eaton Fuller RTLO D 14618 Power-Shift |
| Bohrung × Hub | 130 × 150 | L × B (mm) | 5944 × 2985 |
| Hubraum (cm³) | 12000 | Geschwindigkeit (km/h) | 25 |
| Leistung (kW/PS) | 306/410 | Baujahr/Prod.-Zeitraum | 1999 |
| Drehzahl (U/min) | 2100 | Besonderheiten | 762 mm breite Raupenbänder, Differenziallenkung |
| Kühlung | Wasser | Stückzahlen | – |

Der Traktorenbau bei Deutz hat eine sehr lange Tradition. Das Unternehmen geht auf den Erfinder des Gas- bzw. Viertaktmotors zurück. Für den Ackerschlepperbau entscheidend war ein zuverlässig arbeitender Dieselmotor. Erste Konstruktionen entstanden schon ab 1905 mit motorisierten Pflügen.

Aus der Entwicklung von Stationär-Dieselmotoren war der Schritt zum Selbstfahrer nur logisch. 1933/34 konnte die Stahlschlepper-Baureihe der Öffentlichkeit vorgestellt werden. Da das Getriebegehäuse aus verschweißtem Stahlblech bestand und direkt an den Motor angeflanscht

war, konnte es zusammen mit der Ölwanne aus Stahlguss als tragendes Element dienen: Ein eigener Rahmen war nicht mehr notwendig. Diese rahmenlose Blockbauweise war von nun an aus dem Traktorenbau nicht mehr wegzudenken. Erst neueste Entwicklungen mit Großtraktoren mit mehreren hundert PS Leistung erfordern wieder Hilfsrahmenkonstruktionen.

Der wassergekühlte Motor war stehend eingebaut.

Bis 1942 wurde der Motor F2M 315 verwendet, danach bis 1953 der F2M 417, der etwas stärker war. Es gab jeweils auch Dreizylinderversionen mit 50 PS.

## Technische Daten F2M 417

| Motor | Deutz-Viertakt-Diesel F2M 417 | Gewicht (kg) | 3800 |
|---|---|---|---|
| Zylinder | 2 | Getriebe/Gänge (V/R) | Deutz 5/1 |
| Bohrung × Hub | 120 × 170 | L × B (mm) | 3180 × 1660 |
| Hubraum (cm³) | 3845 | Geschwindigkeit (km/h) | 20 |
| Leistung (kW/PS) | 25/35 | Baujahr/Prod.-Zeitraum | 1950 |
| Drehzahl (U/min) | 1350 | Besonderheiten | – |
| Kühlung | Wasser | Stückzahlen | insgesamt 8646 |

Die erfolgreiche Motorenbaureihe L 514 geht im Prinzip auf eine Entwicklung für die Wehrmacht zurück. 1942 sollte ein Motor für Artillerie-Zugmaschinen entwickelt werden. Die Firma Deutz lieferte das überzeugendste Konzept – gegen Konstruktionen von Daimler-Benz und Tatra.

Der Typ F3L 514 sollte den Stahlschlepper ablösen. Beide Typen wurden aber eine Zeit lang parallel gebaut. Das „Stahlgetriebe" fand bis 1956 Verwendung, ehe es durch eine ZF-Konstruktion ersetzt wurde.

Der Motor wurde in der Leistung immer wieder angeho-ben, sodass zuletzt 50 PS zur Verfügung standen. Die Kupplung kam von Fichtel & Sachs (es konnte eine Ein-fach- oder eine Doppelkupplung sein), die Lenkung von ZF, die Hydraulik von Bosch. Sie konnte bescheidene (im Vergleich zu heute) 1050 kg heben, für damalige Verhält-nisse aber eine ordentliche Leistung. Die ab 1956 ver-wendeten ZF-Getriebe hatten zu den fünf Vorwärtsgän-gen noch zwei besonders langsame Kriechgänge.

Die luftgekühlten Wirbelkammermotoren der FL-514-Bau-reihe trieben Schlepper mit 15, 28/30, 42–52, 60 und Rau-pen mit 90 PS an.

## Technische Daten F3L 514

| Motor | Deutz-Viertakt-Diesel Wirbelkammer F3L 514 | Gewicht (kg) | 3900 |
|---|---|---|---|
| Zylinder | 3 | Getriebe/Gänge (V/R) | Deutz 5/1 |
| Bohrung × Hub | 110 × 140 | L × B (mm) | 3420 × 1765 |
| Hubraum (cm³) | 3990 | Geschwindigkeit (km/h) | 20 |
| Leistung (kW/PS) | 31/42 | Baujahr/Prod.-Zeitraum | 1961/1951 – 1962 |
| Drehzahl (U/min) | 1450 | Besonderheiten | „Stahlgetriebe" |
| Kühlung | Luft | Stückzahlen | – |

Technisch entspricht dieser Traktor dem Vorgängertyp D 80. Die D-Reihe war 1959 ins Leben gerufen worden. Deutz hatte sich jetzt ausschließlich auf Luftkühlung festgelegt. Die Motorenbaureihe 812 war mit ein, zwei, drei, vier oder sechs Zylindern von 15 bis 80 PS Leistung aufgebaut. Diese D-Reihe wurde im neuen Werk in Köln-Kalk produziert, das schon 1962 den 250 000. Schlepper ausliefern konnte.

Zu seiner Zeit war der D 8005 in der oberen Leistungsklasse angesiedelt. Über ihm stand noch der D 9005, mit und ohne Allrad. Die Allradversion war mit einer Vorder-achse APL 3050 ausgerüstet. Die Lenkung steuerte ZF bei, das Getriebe ebenfalls. Es standen nun vier Vorwärts-gänge und zwei Rückwärtsgänge in zwei Gruppen zur Verfügung. Die Hydraulik konnte 2200 kg anheben – für jene Zeit ebenfalls ein Spitzenwert.

Schlüter setzte dem D 8005 z. B. den Typ S 900 V entgegen, der Fendt Favorit 3 lag in der Leistung noch etwas darunter, ebenso der Hanomag Brillant. Kurze Zeit später konnten aber auch diese Firmen in der 80-PS-Klasse Modelle anbieten

**Technische Daten Deutz D 8005**

| Motor | Deutz-Viertakt-Diesel Wirbelkammer F6L812 | Gewicht (kg) | 3720 |
|---|---|---|---|
| Zylinder | 6 | Getriebe/Gänge (V/R) | ZF A 320 8/4 |
| Bohrung × Hub | 95 × 120 | L × B (mm) | 4085 × 1965 |
| Hubraum (cm³) | 5100 | Geschwindigkeit (km/h) | 30 |
| Leistung (kW/PS) | 59/80 | Baujahr/Prod.-Zeitraum | 1965 – 1966 |
| Drehzahl (U/min) | 2300 | Besonderheiten | Frontlader |
| Kühlung | Luft | Stückzahlen | – |

Die 06er-Reihe wurde 1967 vorgestellt. Die bekannten runden Hauben der 05er-Serie wurden durch die kantigen abgelöst. Die Modellpalette sah zunächst folgende Typen vor: D 2506, D 3006, D 4006, D 5006, D 6006, D 7506, D 9006. Die erste Modelländerung löste dann 1970 den 7506 ab und ersetzte ihn durch den D 8006.

In der Vorderachse von Sige, einem italienischen Zulieferer, kam ab 1976 das von Deutz selbst entwickelte Selbstsperrdifferenzial Optitrac zum Einsatz.

Die Wirbelkammermotoren L 812 mit leicht erhöhter Bohrung wurden durch die Direkteinspritzer L 912 abgelöst.

Der schwächste Sechszylindertyp erhielt eine kräftige Deutz-Hydraulik (man ging von der Bosch/ZF-Hydraulik weg), die 3600 kg Last heben konnte. Die moderne Landwirtschaft verlangte mehr Motorleistung, mehr Zapfwellenleistung und für immer größere Aufsattelgeräte mehr Hubkraft an der Hydraulik.

Die neue Fritzmeyer-Kabine FK 9200 kam bei den Landwirten gut an: sie schätzten den Komfort und die optimierte Geräuschdämmung. Die Kupplung lieferte der bekannte badische Hersteller LUK.

## Technische Daten Deutz D 8006

| | | | |
|---|---|---|---|
| Motor | Deutz-Viertakt-Diesel Direkteinspritzer F6L912 | Gewicht (kg) | 3480 |
| Zylinder | 6 | Getriebe/Gänge (V/R) | ZF T 3201 16/7 |
| Bohrung × Hub | 100 × 120 | L × B (mm) | 4150 × 2050 |
| Hubraum (cm³) | 5652 | Geschwindigkeit (km/h) | 30 |
| Leistung (kW/PS) | 59/80 | Baujahr/Prod.-Zeitraum | 1972 – 1978 |
| Drehzahl (U/min) | 2100 | Besonderheiten | ab 1976 Optitrac-Selbstsperrdiff. vorne |
| Kühlung | Luft | Stückzahlen | – |

Mit der Modelländerung 1970 war die Typenpalette nach oben erweitert worden. Für große Betriebe war beispielsweise der Sechszylindertyp D 10006 mit dem ZF-Getriebe T 355 II und mit der ZF-Allrad-Vorderachse vorgesehen. Der gestiegenen Motorleistung wurde mit hydraulischen Bremsen Rechnung getragen. Der Motor des 10006 wurde übrigens, aufgeladen mit 120 PS, im Typ 12006 eingebaut.

Dieser D 10006 wurde jahrelang auf einem großen Gutsbetrieb in Baden-Württemberg eingesetzt. Als dort noch mehr Leistung gefordert wurde, musste er verkauft werden. Beim jetzigen Besitzer hat er es etwas leichter. Auf seine alten Tage, immerhin hatte er zum Zeitpunkt der Aufnahme 27 Jahre auf dem Buckel, darf er leichtere Arbeiten verrichten, außerdem laufen nun wesentlich weniger Betriebsstunden pro Jahr auf. Blauer Rauch aus dem Auspuff kündigte eine größere Motorreparatur an, die einige Monate später auch durchgeführt wurde.

Solche Typen mit starken Motoren und ausreichender Getriebeabstufung waren als Gebrauchtschlepper auch sehr beliebt, um beispielsweise in das ehemalige Jugoslawien oder nach Griechenland verkauft zu werden, wo man auch bei älteren Traktoren immer noch die Qualität „Made in Germany" schätzt.

**Technische Daten D 10006 A**

| | | | |
|---|---|---|---|
| Motor | Deutz-Viertakt-Diesel Direkteinspritzer F6L912 | Gewicht (kg) | 4015 |
| Zylinder | 6 | Getriebe/Gänge (V/R) | 16/7 (ZF T 355 II) |
| Bohrung × Hub | 100 × 120 | L × B (mm) | 4219 × 2975 |
| Hubraum (cm³) | 5652 | Geschwindigkeit (km/h) | 30 |
| Leistung (kW/PS) | 73,5/100 | Baujahr/Prod.-Zeitraum | 1973 (ab 1970 – 78) |
| Drehzahl (U/min) | 2300 | Besonderheiten | hydraulische Bremsen, Vorderachse ZF APL 3050 |
| Kühlung | Luft | Stückzahlen | – |

Deutz ließ die erfolgreiche 06er-Reihe 1980 durch die D-07-Typen ersetzen. Technisch basierten sie aber größtenteils auf den D-06-Traktoren. Parallel dazu hatte aber die Entwicklungsabteilung schon 1978 die DX-Reihe zur Serienreife gebracht. Äußerlich unterschieden sie sich durch neu gestylte Hauben und Kabinen, alles etwas kantiger ausgeführt. Die neuen Kabinen trugen natürlich den gestiegenen Anforderungen an Geräuschdämmung und Komfort Rechnung. Teilweise wurden noch die FL-912-Motoren eingebaut. Die Getriebe der Reihe TW 90 und TW 900 waren Neukonstruktionen mit Vollsynchronisation in der Schaltung und Teilsynchronisation in der Gruppenschaltung.

Obwohl der Trend zum Allradantrieb immer mehr um sich griff, wurden selbstverständlich auch noch hinterradgetriebene Fahrzeuge gekauft.

Dieser DX 85 hat schon viele Betriebsstunden hinter sich gebracht. Einst war er stärkster Traktor auf einem großen Milchviehbetrieb, er hat einem Ford New Holland 7740 A Platz machen müssen. Bei der Grassilage ins Fahrsilo mit dem Claas Jaguar des Lohnunternehmers wird aber noch jedes Fahrzeug für die Transportkette gebraucht.

**Technische Daten Deutz DX 85 S**

| | | | |
|---|---|---|---|
| Motor | Deutz-Viertakt-Diesel F5L912 Direkteinspritzer | Gewicht (kg) | 4220 |
| Zylinder | 5 | Getriebe/Gänge (V/R) | 20/5 (Deutz TW 90.20) |
| Bohrung × Hub | 100 × 120 | L × B (mm) | 4362 × 2112 |
| Hubraum (cm³) | 4680 | Geschwindigkeit (km/h) | 30 |
| Leistung (kW/PS) | 59/80 | Baujahr/Prod.-Zeitraum | 1980 (ab 1978 – 1990) |
| Drehzahl (U/min) | 2300 | Besonderheiten | Fünfzylindermotor, Deutz-Master-Cab |
| Kühlung | Luft | Stückzahlen | – |

Die moderne Landwirtschaft hat auch den Lohnunternehmer groß gemacht. Für viele Tätigkeiten werden spezielle Geräte gebraucht, die hohe Investitionssummen verlangen, nur wenige Tage im Jahr laufen, und vor deren Kauf natürlich viele Landwirte zurückschrecken. Dasselbe gilt auch für besonders leistungsstarke Traktoren, die moderne, schlagkräftige Geräte verlangen.

1978 hatte Deutz die DX-Reihe gebracht. Die obere Leistungsklasse wurde rasch ausgebaut mit den Typen DX 140, DX 160, bis hin zu den ganz großen DX 230 und 250, die eher für den Export in die USA gedacht waren. Es kamen nun lastschaltbare Steyr-Getriebe zum Einsatz.

Die allermeisten Maschinen wurden als Allradschlepper ausgeliefert, obwohl auch die Hinterradausführung im Programm war. Die angetriebenen Vorderachsen steuerte der italienische Zulieferer SIGE bei. Die neugestaltete Front erleichterte die täglichen Wartungsarbeiten und die Master-Cab-Kabine setzte Maßstäbe hinsichtlich Rundumsicht und Komfort. Ein weiteres Detail: Automatische Anhängekupplungen setzten sich als Serienausstattung durch. Es konnte schon eine 40 km/h schnelle Ausführung geliefert werden, auch die Höchstgeschwindigkeit war zum Beispiel für Lohnunternehmer mit deren großem Aktionsradius interessant.

**Technische Daten Deutz DX 160**

| | | | |
|---|---|---|---|
| Motor | Deutz-Viertakt-Diesel F6L 913 | Gewicht (kg) | 5330 |
| Zylinder | 6 | Getriebe/Gänge (V/R) | Steyr TW 1200 18/6 zweistufige Lastschaltung |
| Bohrung × Hub | 102 × 125 | Luft × B (mm) | 4910 × 2060 |
| Hubraum (cm³) | 6128 | Geschwindigkeit (km/h) | 30/40 |
| Leistung (kW/PS) | 110/150 | Baujahr/Prod.-Zeitraum | ab 1978 |
| Drehzahl (U/min) | 2300 | Besonderheiten | Optitrac-Selbstsperrdifferenzial |
| Kühlung | Luft | Stückzahlen | – |

Dieser AgroStar 6.81 gehört einem Lohnunternehmer und ist mit einem Großraum-Ladewagen unterwegs zum Einbringen der Grassilage (zweiter Schnitt). Für den schlagkräftigen Einsatz sind hohe Motor- und Zapfwellenleistungen gefragt. Beides bietet der 6.81. Schließlich bezahlt der Landwirt nach Stunden oder Hektar. In beiden Fällen muß zügig gearbeitet werden, zumal der Lohnunternehmer möglichst viele Kunden bedienen möchte.

Da Deutz in diesem Leistungsspektrum keine Motoren anbot, griff man auf ein mit 1,3 bar Ladedruck aufgeladenes MWM-Triebwerk zurück, zumal MWM ja seit 1985 unter das Dach der KHD-Gruppe geschlüpft war. Das Getriebe kam vom italienischen Hersteller SAME.

Der Traktor kostete rund DM 150000.–. Das zulässige Gesamtgewicht von 10000 kg und die mögliche Höchstgeschwindigkeit von 40 km/h erforderte beim Anhängerbetrieb den Führerschein Klasse 2 (heute T).

Ein luftgefederter Fahrersitz, Kriechgänge, die Deutz-Powermatic (eine lastschaltbare 12,5-%-Reduzierung der Geschwindigkeit per Knopfdruck) gehören zu dieser nicht billigen Ausrüstung.

## Technische Daten Deutz AgroStar 6.81

| | | | |
|---|---|---|---|
| Motor | MWM-Viertakt-Diesel TBD-226-BL6 Turbo mit Ladeluftkühlung | Gewicht (kg) | 6500 |
| Zylinder | 6 | Getriebe/Gänge (V/R) | SAME 27/27 9-stufige Lastschaltung |
| Bohrung × Hub | 105 × 135 | L × B (mm) | 4890 × 2620 |
| Hubraum (cm³) | 7014 | Geschwindigkeit (km/h) | 40 |
| Leistung (kW/PS) | 140/190 | Baujahr/Prod.-Zeitraum | 1992 |
| Drehzahl (U/min) | 2350 | Besonderheiten | MWM-Motor, Same-Getriebe + Vorderachse + Hydraulik |
| Kühlung | Wasser | Stückzahlen | – |

1990 erregte Deutz mit der AgroXtra-Baureihe Aufsehen unter Landwirten und Konkurrenten und brachte frischen Wind in das Styling der Traktoren: die sogenannten Freisichttraktoren mit der schräg abfallenden Haube boten eine wesentlich bessere Sicht auf die vorn angebauten Geräte, die sich immer mehr durchsetzten. Heute haben nahezu alle Hersteller, besonders bei den Pflegeschleppern, nachgezogen. Die AgroXtra-Baureihe war mit Drei-, Vier- oder Sechszylindermotoren ausgestattet. Immer noch fanden die bewährten luftgekühlten Deutz-Motoren Verwendung.

Die TW-Getriebe waren mit Vorwärts-/Rückwärtsgruppe und einer Reduzierung der Geschwindigkeit um 15 % ausgerüstet. Wichtig in der Verwendung als Pflegeschlepper ist die Getriebeauslegung (mit Kriechgängen), Zapfwellen und Hydraulik vorne (von Sautter) und hinten, sodass die Pflegearbeiten mit Gerätekombinationen möglichst bodenschonend durchgeführt werden können.
Der Preis für diesen Schlepper lag bei ca. DM 64000.–. Die Fronthydraulik konnte 1570 kg Hubkraft entwickeln, ausreichend für den Frontpacker für die Saatbettverfestigung.

## Technische Daten Deutz AgroXtra DX 4.17

| | | | |
|---|---|---|---|
| Motor | F4L913 Direkteinspritzer | Gewicht (kg) | 3405 |
| Zylinder | 4 | Getriebe/Gänge (V/R) | 16/8 (24/12) |
| Bohrung × Hub | 102 × 125 | L × B (mm) | 3800 × 1970 |
| Hubraum (cm³) | 4085 | Geschwindigkeit (km/h) | 40 |
| Leistung (kW/PS) | 55/75 | Baujahr/Prod.-Zeitraum | 1994 |
| Drehzahl (U/min) | 2350 | Besonderheiten | Fronthydraulik, Frontzapfwelle |
| Kühlung | Luft | Stückzahlen | – |

Die allerneueste Entwicklung der Deutz-Traktoren ist die Agrotron-Baureihe. Diese Freisicht-Allradschlepper gibt es mit Leistungen von 110 bis 260 PS in drei Klassen. In der stärksten Klasse mit 160, 175, 200, 230 und 260 PS starken Schleppern sind selbstverständlich die modernsten technischen Details verwirklicht, die schlagkräftige Maschinen in der heutigen Landwirtschaft verlangen: hochmoderne, vielfach abgestufte Getriebe, verschleissfreie Turbokupplung, Hydraulik-/Unterlenkerregelung, schadstoffarme Motoren, bedienungsfreundliche Anordnung aller Betätigungselemente mit EPS/EMC-Multifunk-tionsarmlehne (EPS = elektronische Steuerung des Last-schaltgetriebes, EMC = elektronische Motorregelung) und pneumatische Kabinenfederung. Die Hydraulik kann hinten 10500 kg heben, das Leergewicht liegt über 7,5 t, der „normale" Pkw-Führerschein reicht also beim Anhängerbetrieb mit 40 km/h nicht mehr aus. Die ab 1998 in Serie gebauten Agrotron-Schlepper sind sogar 50 km/h schnell und haben eine gefederte Vorderachse.
Der Preis dieses Agrotron 260 liegt deutlich über DM 200000.–. (17)

**Technische Daten Deutz-Fahr Agrotron 260**

| | | | |
|---|---|---|---|
| Motor | Deutz BF6 M 1013 EC T Turbodiesel mit Ladeluftkühlung | Gewicht (kg) | 8350 |
| Zylinder | 6 | Getriebe/Gänge (V/R) | 40/40 vierstufige Lastschaltung |
| Bohrung × Hub | 85 × 115 | L × B (mm) | 4680 × 2130 |
| Hubraum (cm³) | 7146 | Geschwindigkeit (km/h) | 50 |
| Leistung (kW/PS) | 191/260 | Baujahr/Prod.-Zeitraum | 2000 |
| Drehzahl (U/min) | 2350 | Besonderheiten | 50-km/h-Ausführung mit gefederter Vorderachse |
| Kühlung | Wasser | Stückzahlen | – |

Angespornt durch die Konkurrenz sah sich KHD veranlasst, Überlegungen auch in Richtung Geräteträger oder Trac-Technik anzustellen. Echte Geräteträger hatte Deutz nie gebaut. Es kamen eher Lösungen mit drei Arbeitsräumen wie beim Unimog, aber mit zentral angeordnetem Führerhaus wie beim MB-Trac, in Frage.

Das Ergebnis dieser Überlegungen war der Intrac, der 1972 in Serie ging. Die ersten Modelle basierten technisch auf dem D 5006 und hatten nur Hinterradantrieb. Der Allradantrieb setzte sich erst später durch. Der Intrac war eine gelungene Konstruktion, die Übersicht auf die Geräte war optimal. Viele Besitzer schwören noch heute auf ihre Fahrzeuge. Nur die Verkaufszahlen ließen zu wünschen übrig, obwohl die Fahrzeuge weiter entwickelt wurden und stärkere Motoren und besser abgestufte Getriebe erhielten. Der Absatz ging so weit zurück, dass sogar Verhandlungen mit dem Konkurrenten Mercedes-Benz geführt wurden, mit dem Ziel, die Intracs und MB-Tracs gemeinsam zu vertreiben.

Dieser Intrac hat schon viele Betriebsstunden hinter sich gebracht. Ursprünglich der stärkste Traktor, wich er einem Deutz DX 85, der von einem Ford 7740 abgelöst wurde. Beide bleiben als Ausweichfahrzeuge auf dem Betrieb, der Intrac holt mit Frontmähwerk und Ladewagen meist nur noch Futter für das Vieh.

**Technische Daten Deutz INTRAC 2003**

| | | | |
|---|---|---|---|
| Motor | Deutz-F4L912-Direkteinspritzer | Gewicht (kg) | 3440 |
| Zylinder | 4 | Getriebe/Gänge (V/R) | 13/4 |
| Bohrung × Hub | 3100 × 120744 | L × B (mm) | 4180 × 1805 |
| Hubraum (cm³) | 3744 | Geschwindigkeit (km/h) | 25/30 |
| Leistung (kW/PS) | 44/60 | Baujahr/Prod.-Zeitraum | 1975 |
| Drehzahl (U/min) | 2300 | Besonderheiten | Fronthydraulik/Frontzapfwelle |
| Kühlung | Luft | Stückzahlen | – |

1986 führte KHD Verhandlungen mit Daimler-Benz, um gemeinsam die Erfahrungen aus deren MB-Trac- und dem eigenen Intrac-Bau zu nutzen und die Absatzzahlen anzukurbeln. Es gab sogar schon eine „trac technik Vertriebsgesellschaft" in Gaggenau, die die gemeinschaftlichen Produkte besser an den Mann bringen sollte – leider nicht mit durchschlagendem Erfolg.

Der Deutz Intrac 6.60 war der stärkste Intrac und entsprach in der Leistung dem MB-Trac 1500. Es war eine technisch anspruchsvolle Konstruktion: Scheibenbremsen, hydraulische Lenkung, EHR (elektrohydraulische Hubwerksregelung), 540er- und 1000er-Zapfwelle. Der

Preis lag bei ca. DM 160000.– je nach Ausstattung – und damit sogar etwas über dem des MB-Trac. Trotz der technischen Vorteile und vielleicht wegen des Anschaffungspreises war das Ende der Trac-Technik sowohl bei Daimler-Benz als auch bei Deutz abzusehen: 1991 kam das Aus. Interessanterweise stellte im selben Jahr 1991 Fendt seinen Xylon mit derselben Konzeption vor und baut ihn weiter bis heute. Außerdem gab und gibt es immer noch eine feste Trac-Interessentenschar. In den neuen Bundesländern ist mit der Doppstadt GmbH wieder eine Firma entstanden, die Systra- und Trac-Schlepper baut.

## Technische Daten Deutz INTRAC 6.60 Turbo

| | | | |
|---|---|---|---|
| Motor | Deutz F6L913 Turbodiesel Direkteinspritzer | Gewicht (kg) | 6300 |
| Zylinder | 6 | Getriebe/Gänge (V/R) | Deutz TW 940 30/10 mit Lastschaltung |
| Bohrung × Hub | 102 × 125 | L × B (mm) | 5200 × 2390 |
| Hubraum (cm³) | 6128 | Geschwindigkeit (km/h) | 30 |
| Leistung (kW/PS) | 110/150 | Baujahr/Prod.-Zeitraum | ab 1988 |
| Drehzahl (U/min) | 2300 | Besonderheiten | hydraulische Kippkabine, Turbolader |
| Kühlung | Luft | Stückzahlen | – |

Ein höchst seltener Traktor ist dieser ungarische DUTRA. Die Allradtraktoren mit gleich großen Rädern wurden in den sechziger Jahren in die DDR importiert. Die Rahmenbauweise und konventionelle Ausführung der Lenkung verursachten einen hohen Reifenverschleiss und die Motoren erwiesen sich als nicht sehr standfest.

Hersteller war das Dutra-Traktorenwerk „Roter Stern", angesiedelt in Budapest/Ungarn.

Hervorgegangen ist dieses Staatsunternehmen aus den HSCS-Werken. Im Jahre 1900 entstand ein englisch-ungarisches Gemeinschaftsunternehmen. Der bekannte englische Landmaschinenhersteller Clayton & Shuttle-worth hatte sich mit Pflügen und Dampfmaschinen auch in Mitteleuropa schon einen Namen gemacht. 1912 ging die Firma in ungarischen Besitz über. Ab den dreißiger Jahren bis Mitte 1950 wurden in den HSCS-Werken Glühkopftraktoren und -raupen gebaut, die den Lanz-Bulldogs ähnelten. HSCS wurde dann in Dutra umbenannt und stellt seit 1961 diese Allradtraktoren her.

Vom Dutra gab es ab 1961 das Modell mit vier Zylindern und 60 PS und später die abgebildete 90-PS-Variante. Ende der sechziger Jahre beteiligte sich Steyr in Österreich an einer leistungsgesteigerten Weiterentwicklung. Das Werk produziert heute keine Traktoren mehr.

## Technische Daten Allradtraktor Dutra D4K – B

| | | | |
|---|---|---|---|
| Motor | Viertakt-Saugdieselmotor | Gewicht (kg) | 5100 |
| Zylinder | 6 | Getriebe/Gänge (V/R) | 6/2 |
| Bohrung × Hub | 110 × 140 | L × B (mm) | 4900 × 2200 |
| Hubraum cm³ | 7990 | Geschwindigkeit km/h | 24,5 |
| Leistung (kW/PS) | 66/90 | Baujahr/Prod.-Zeitraum | ab 1965 |
| Drehzahl (U/min) | 1850 | Besonderheiten | Rahmenbauweise, gleich große Räder |
| Kühlung | Wasser | Stückzahlen | – |

Bereits Mitte der dreißiger Jahre konstruierten die Gebrüder Eicher den ersten Traktor, der allerdings noch einen Deutz-Motor hatte. Erst nach dem Kriege entwickelte Eicher die eigenen luftgekühlten Motoren. Die seitlich abstehenden Kühlgebläse wurden das Charakteristikum der Marke und deren Motoren. Bei diesem Eicher HR sogar ein fünftes Gebläse für die Ölkühlung.

Anfang der sechziger Jahre wurde die Raubtierreihe vorgestellt: Leopard, Panther, Tiger, Königstiger, mit einem, zwei, drei oder vier Zylindern und 19 bis 45 bzw. 60 PS. Die Entwicklungsfreudigkeit der Eicher-Ingenieure zeigt sich in diesem Mammut: Er ist mit einem reversierbaren, hydrostatischen Drehmomentwandler, der mit einer Axial-

kolbenpumpe angetrieben wird, ausgerüstet. Dadurch hat er auch einen stufenlosen hydrostatischen Zapfwellenantrieb für 540 und 1000 Umdrehungen pro Minute. Weiter ist dieser Mammut, der nur in einigen wenigen Exemplaren gebaut wurde, mit Wegezapfwelle, Fußpedal (Wipppedal) für Vorwärts-/Rückwärtsfahrt und Handhebelbedienung ausgestattet. Solche Versuche mit stufenlosen Antrieben unternahmen schon viele Firmen. In Baumaschinen oder Gabelstaplern hatten diese Systeme schon Eingang gefunden – warum nicht auch in den Traktoren? Wie lange der Weg zu einer praktikablen Lösung aber dann doch war, zeigt das von Fendt erst 1998 serienreif vorgestellte stufenlose Vario-Getriebe. (2)

### Technische Daten Eicher HR (Mammut)

| | | | |
|---|---|---|---|
| Motor | Eicher-Viertakt-Diesel EDK 4-4 | Gewicht (kg) | 4300 |
| Zylinder | 4 | Getriebe/Gänge (V/R) | Eicher 18 D stufenlos |
| Bohrung × Hub | 100 × 125 | L × B (mm) | 3600 × 1970 |
| Hubraum (cm³) | 3927 | Geschwindigkeit (km/h) | V: 0 – 25, R: 0 – 17 |
| Leistung (kW/PS) | 38 (45)/54 (62) | Baujahr/Prod.-Zeitraum | 1967/68 (1965 – 1970) |
| Drehzahl (U/min) | 2000 | Besonderheiten | stufenloses Wandlergetriebe |
| Kühlung | Luft | Stückzahlen | bis 1969: 50 |

Ende der siebziger, Anfang der achtziger Jahre war eine turbulente Phase bei Eicher. Die Probleme wurden nicht weniger. Sie gipfelten darin, dass sich Massey-Ferguson wieder aus dem Unternehmen zurückzog. Der indische Lizenznehmer Eicher Goodearth und deutsche Händler übernahmen die Regie, konnten die Firma allerdings nicht halten. Schweizer Industrielle nahmen Einfluß auf Eicher, danach wieder Eicher-Händler, zuletzt schließlich ein Betrieb in den neuen Bundesländern, die MFT Cunewalde, die Eicher-Traktoren weiter produzierte – sogar mit der alten Eicher-Luftkühlung!

Die „Phase III-Schlepper" wurden auf der DLG-Ausstellung 1976 vorgestellt. Die Vorderachse war eine ZF-Lenktriebachse mit Locomatic-Selbstsperrdifferenzial und Seitenantrieb. Der Traktor wurde auch in roter Lackierung als Massey-Ferguson Typ 1102 nach Frankreich exportiert. Der Motor war wieder ein echter luftgekühlter Eicher-Motor, auch hier wieder deutlich an den für jeden Zylinder einzeln angeordneten Gebläsen erkennbar.

An der Hydraulik können 6800 kg Reisskraft entwickelt werden, der Tank faßt 260 Liter Diesel. Die Kupplung liefert Fichtel & Sachs, die Hydrolenkung ist mit einem eigenen Ölbehälter ausgerüstet. Ab 1982 hatte der Traktor als Typ 3108 einen 108 PS starken Eicher-Motor.

## Technische Daten Eicher 3105 A (3022)

| | | | |
|---|---|---|---|
| Motor | Eicher-Viertakt-Diesel EDK 6-4 | Gewicht (kg) | 5100 |
| Zylinder | 6 | Getriebe/Gänge (V/R) | ZF T 3319 16/7 |
| Bohrung × Hub | 100 × 125 | L × B (mm) | 4255 × 2330 |
| Hubraum (cm³) | 5890 | Geschwindigkeit (km/h) | 30 |
| Leistung (kW/PS) | 77/105 | Baujahr/Prod.-Zeitraum | ab 1977 – 1982 |
| Drehzahl (U/min) | 2300 | Besonderheiten | Selbstsperrdifferenzial Locomatic |
| Kühlung | Luft | Stückzahlen | – |

Eicher blieb bei wohlklingenden Tiernamen für seine Produkte. Der Typ 3553 wurde als „Büffel" verkauft. Nach finanziellen Problemen war Anfang der siebziger Jahre Massey-Ferguson bei Eicher eingestiegen. Ein Grund für diese Probleme war unter anderem, dass die Zahnradfabrik Friedrichshafen Traktorengetriebe für untere Leistungsklassen nicht mehr herstellen wollte – teure Eigenentwicklungen wären notwendig gewesen. Der Einfluss von MF zeigte sich unter anderem darin, dass nunmehr verstärkt Perkins-Motoren Verwendung fanden, allerdings etwas stärker gedrosselt wegen der für Eicher-Kunden wichtigen „Eicher-Charakteristik": bei niedriger Drehzahl sollte schon ein hohes Drehmoment zur Verfügung stehen. Auch die Hydraulik kam von MF. Außerdem hatte der

Büffel nur eine 540er-Zapfwelle, die allerdings mit der neuen Duplokup-Zapfwellenschaltung unter Last schaltbar war.

Der Büffel wurde im neuen Eicher-Werk Landau an der Isar gebaut. Die alten Produktionsstätten Dingolfing, Pilsting und Forstern waren verkauft worden. Das Styling blieb dem bewährten Eicher-Äußeren treu, technisch gewann MF aber immer mehr Einfluss. Die geplante Allradausführung hätte eine MF-Allradachse bekommen sollen. Gerade dies wurde zum Problem: Die Eicher-Traktoren unterschieden sich immer weniger von einem MF, warum sollte dann ein Landwirt einen Eicher überhaupt noch kaufen?

## Technische Daten EICHER 3553 (Büffel)

| | | | |
|---|---|---|---|
| Motor | Perkins-Diesel A4/248 | Gewicht (kg) | 3100 |
| Zylinder | 4 | Getriebe/Gänge (V/R) | MF 12/4 |
| Bohrung × Hub | 101 × 127 | L × B (mm) | 3515 × 1970 |
| Hubraum (cm³) | 4060 | Geschwindigkeit (km/h) | 30 |
| Leistung (kW/PS) | 53/72 | Baujahr/Prod.-Zeitraum | 1973 – 1978 |
| Drehzahl (U/min) | 2300 | Besonderheiten | Perkins-Motor |
| Kühlung | Wasser | Stückzahlen | – |

Die Fahrzeug- und Motorenwerke GmbH wurde 1935 gegründet. Sie übernahm von der Waggonfabrik Linke-Hofmann-Werke AG den Traktorenbau, daher die Bezeichnung vorm. Linke-Hofmann-Busch. Dort gab es schon Raupenschlepper, an einem Radschlepper in Blockbauweise wurde gearbeitet.

Herzstück des Antriebes waren der Vierzylinder-Dieselmotor von Kämper aus Berlin und das selbst hergestellte Fünfganggetriebe. Der FAMO-Radschlepper war 1939 für 8460 Reichsmark zu haben.

Von den FAMO-Traktoren sind sehr wenige erhalten geblieben und an diesen wurde im Laufe der Jahre viel herumgebastelt. Der abgebildete Traktor wurde zum Beispiel 1944 auf Holzgasbetrieb umgebaut und erhielt eine Holzvergaseranlage der Berliner Gustloffwerke. 1952 erfolgte der Rückbau auf Dieselbetrieb. Er lief dann bis 1972. Ursprünglich war eine Benzin-Anlass-Vorrichtung vorhanden. Auch sie wurde aber irgendwann ausgebaut und verschrottet.

Nach dem Krieg wurde derselbe Traktor als „Radschlepper Pionier" in den Zwickauer Horchwerken in der DDR in großer Zahl weitergebaut. (4)

## Technische Daten FAMO Boxer

| | | | |
|---|---|---|---|
| Motor | Kämper-Viertakt-Diesel | Gewicht (kg) | 3500 |
| Zylinder | 4 | Getriebe/Gänge (V/R) | Famo 4/1 |
| Bohrung × Hub | 105 × 145 | L × B (mm) | 3680 × 1780 |
| Hubraum (cm³) | 4988 | Geschwindigkeit (km/h) | 20 |
| Leistung (kW/PS) | 31/42 | Baujahr/Prod.-Zeitraum | 1939 |
| Drehzahl (U/min) | 1200 | Besonderheiten | Benzin-Anlassvorrichtung |
| Kühlung | Wasser | Stückzahlen | – |

Seit einigen Jahren ist Fendt unumstrittener Marktführer bei Traktoren in Deutschland. Was sich in Folge der Übernahme durch die AGCO-Corporation ändern wird, ist noch offen. Zumindest hat Fendt sich auf den Kernbereich Landmaschinen konzentriert und sogar der Massey-Ferguson-Ersatzteilvertrieb, MF, gehört auch zu AGCO, soll von Marktoberdorf aus organisiert werden.

1928 baute Hermann Fendt zusammen mit seinem Vater Johann Georg den ersten motorisierten Grasmäher. Bald wurde daraus ein richtiger Traktor mit Antrieb und fahrunabhängigem Mähwerk.

Aus bescheidenen Anfängen entwickelte sich eine Produktion, die 1935 das 100. Fendt-„Dieselroß" auslieferte.

Schon bald nach dem Zweiten Weltkrieg wagte man sich auch an den Allradantrieb, der sich bei Fendt schnell als praxisgerecht und betriebssicher erwies.

1963 wurde der Favorit 3 vorgestellt, ein 52 PS starker Allradtraktor mit MWM-Vierzylindermotor, der erste Vierzylindertyp bei Fendt überhaupt. Der Allradantrieb ist an der Vorderachse mit einer Überlast-Rutschkupplung ausgestattet und nicht mit einer starren Klauenkupplung. Das Getriebe wurde zwar bei Fendt gebaut, aber in Zusammenarbeit mit ZF entwickelt. Es war gut abgestuft und besaß eine Halbsynchronisation. Der abgebildete Schlepper bewährt sich heute in einem ausgezeichneten Zustand vor einer Kreiselegge!

## Technische Daten Fendt Favorit 3

| | | | |
|---|---|---|---|
| Motor | MWM-Viertakt-Diesel-Saugmotor D 208-4 | Gewicht (kg) | 2795 |
| Zylinder | 4 | Getriebe/Gänge (V/R) | Fendt 16/4 |
| Bohrung × Hub | 95 × 105 | L × B (mm) | 3700 × 1900 |
| Hubraum (cm³) | 3000 | Geschwindigkeit (km/h) | 20/30 |
| Leistung (kW/PS) | 38/52 | Baujahr/Prod.-Zeitraum | 1965 (1964 – 1967) |
| Drehzahl (U/min) | 2300 | Besonderheiten | Druckluft, Allradantrieb, Regelhydraulik, gekühlte Doppelkupplung |
| Kühlung | Wasser | Stückzahlen | – |

1968 auf der Münchener DLG-Ausstellung wurde eine neue Generation Fendt Fix, Farmer und Favorit vorgestellt. Äußeres Merkmal waren die kantigen Hauben. Mit dieser Modellreihe deckte Fendt den Leistungsbereich von 22 bis 90 PS ab. Der Direkteinspritzer mit 62/65 PS sorgte für gute Zugkraft. Die Tornado-Duplexkupplung war ölgekühlt. Mit 110 kg Hubkraft war die Hydraulik für heutige Verhältnisse natürlich noch schwach. Damals reichte es aber zum Säen, Eggen, Pflügen, Fräsen. Die Zapfwelle konnte schon mit 540 und 100 Umdrehungen pro Minute betrieben werden und ließ sich, unabhängig von der Fahrkupplung, unter Last schalten. Die Lenkung wurde hydraulisch betätigt. Die Bedienungselemente

wurden überarbeitet und optimiert. Noch begnügte man sich mit einem 80-l-Tank. Ansonsten vertraute man auf die bekannte Technik mit MWM-Motor und selbst gebautem Getriebe.

Im Jahre 1970 lag Fendt mit über 8600 verkauften Einheiten auf dem dritten Platz in der Statistik der Neuzulassungen, hinter KHD und IHC. Dies entsprach 13 % Marktanteil, eine Position, die einige Jahre gehalten wurde, ehe der Sprung auf Platz 1 gelang.

Direkte Konkurrenten waren z. B. ein IHC 724 Allrad, ein Eicher Mammut, ein Hanomag Brillant oder ein Deutz D 6006.

**Technische Daten Fendt Favorit 3 S**

| | | | |
|---|---|---|---|
| Motor | MWM-Viertakt-Diesel-Saug-motor D 225-4 | Gewicht (kg) | 2980 |
| Zylinder | 4 | Getriebe/Gänge (V/R) | Fendt 16/4 |
| Bohrung × Hub | 120 × 95 | L × B (mm) | 3845 × 1890 |
| Hubraum (cm³) | 3400 | Geschwindigkeit (km/h) | 30 |
| Leistung (kW/PS) | 45 (47)/62 (65) | Baujahr/Prod.-Zeitraum | 1967 – 1970 |
| Drehzahl (U/min) | 2400 | Besonderheiten | Regelhydraulik, Gemmer-Lenkung, Bosch-Hydraulik |
| Kühlung | Luft | Stückzahlen | – |

Der Favorit 612 LSA gehört zur Reihe der Favorit-Groß-traktoren, die von 1976 bis 1984 gebaut wurden. Sie umfasste Sechszylindermodelle von 85 bis 150 PS (mittlerweile wassergekühlt). Die Typen 614 und 615 besaßen sogar mit 0,7 bis 0,8 bar aufgeladene Motoren mit 135 bzw. 150 PS. In diesen Traktoren ist auch das Herzstück jedes modernen Fendt eingebaut: die 1973 eingeführte Turbomatik-Kupplung. Es ist eine Kupplung, bei der zwei Turbinenräder im Ölbad laufen. Der Kraftschluss wird durch das Öl hergestellt. Weiche Anfahrvorgänge sind die wichtigsten Vorzüge – die Hanomag schon im R 455 ATK in den fünfziger Jahren erkannt und umgesetzt hatte und heute bei vielen Herstellern Stand der Technik ist.

Die Kabinen waren wieder modernisiert worden. Diese Großtraktoren liefen häufig in Betrieben oder bei Lohnunternehmern, die mehr Stunden darin verbrachten als andere Landwirte und daher um so mehr auf Komfort angewiesen waren. Dem wurde auch mit einem 220-l-Tank für längere Arbeitsphasen Rechnung getragen. Aber der höhere Preis der Fendt-Traktoren zeigte sich eben auch in der Ausstattung, die jedem Vergleich standhielt.
Mittlerweile fanden im Ölbad laufende Scheibenbremsen Verwendung, doppelt wirkende Steuergeräte erlaubten den Einsatz von Geräten mit hydraulisch betätigten Zusatzfunktionen, wie zum Beispiel eine Häckselrohrverstellung oder eine Klappenbetätigung am Düngerstreuer.

## Technische Daten Fendt Favorit 612 LSA

| | | | |
|---|---|---|---|
| Motor | MWM-Viertakt-Turbodiesel D 226-6, Direkteinspritzer | Gewicht (kg) | 6315 |
| Zylinder | 6 | Getriebe/Gänge (V/R) | Fendt 20/9 |
| Bohrung × Hub | 105 × 120 | L × B (mm) | 4540 × 2380 |
| Hubraum (cm³) | 6240 | Geschwindigkeit (km/h) | 30 |
| Leistung (kW/PS) | 88/120 | Baujahr/Prod.-Zeitraum | 1976 – 1984 |
| Drehzahl (U/min) | 2400 | Besonderheiten | Turbomatik-Kupplung, Scheibenbremsen, EHR |
| Kühlung | Wasser | Stückzahlen | – |

In den neunziger Jahren spürte auch Fendt den Gegenwind der nachlassenden Konjunktur und der Marktkonzentration. Auch gaben immer mehr Höfe auf und immer mehr Land wurde von immer weniger Landwirten bewirtschaftet. Der Aufschwung für Großschlepper in den neuen Bundesländern war zunächst einmal abgeflaut.

Der Platz 1 in der Zulassungsstatistik war gefährdet. Als Gegenmaßnahme stellten die Marktoberdorfer 1993 neue Modelle vor: die neuen Baureihen Favorit 500 C, Favorit 800 und Farmer 300.

Wirklich neu und beeindruckend war der Favorit 800. Er konnte mit 165, 190, 210 oder 240 PS geliefert werden. Zum ersten Mal in der Geschichte des Hauses Fendt war es kein MWM-Motor, sondern ein MAN-Triebwerk, das Verwendung fand. Auch ein neues Getriebe mit vierfacher Lastschaltung und Vario-Fill-Kupplung war hinzugekommen. Mit der Vario-Fill-Kupplung konnte der Fahrer unter Last anhalten und wieder anfahren, ohne zu schalten. Ein spezieller Ölbehälter der Turbokupplung ermöglichte dies. Mit Anhängern ist der 50 km/h schnelle Schlepper nur mit Lkw- oder T-Führerschein zu fahren, mit 4270 kg Nutzlast stieg das Gesamtgewicht auf 12000 kg. Die 180000.– DM waren wirklich gut angelegt. Die Maschinen eigneten sich natürlich auch für große gezogene oder aufgesattelte Kombinationen wie Scheibenegge mit Packer und Drillmaschine. (9)

## Technische Daten Fendt Favorit 818

| | | | |
|---|---|---|---|
| Motor | MAN-0826-LE-Turbodiesel | Gewicht (kg) | 7730 |
| Zylinder | 6 | Getriebe/Gänge (V/R) | ZF T 7300 44/44 Turbo-Shift-Getriebe |
| Bohrung × Hub | 108 × 125 | L × B (mm) | 4940 × 2550 |
| Hubraum (cm³) | 6870 | Geschwindigkeit (km/h) | 50 |
| Leistung (kW/PS) | 140/190 | Baujahr/Prod.-Zeitraum | 1993 – 1998 |
| Drehzahl (U/min) | 2200 | Besonderheiten | MAN-Motor, gefederte Vorderachse, ZF-Getriebe |
| Kühlung | Wasser | Stückzahlen | – |

Das Nonplusultra der neuesten Fendt-Baureihe ist der Favorit Vario. Das stufenlose Vario-Getriebe war 1995 der staunenden Fachwelt vorgestellt worden. Eine Kombination aus Ölmotoren und mechanischen Antrieben führt zu einem hochentwickelten, vollautomatischen Fahrantrieb, der über einen kleinen Hebel problemlos bedient werden kann. Eine mitdenkende Tempomatfunktion war beinhaltet: die einmal eingestellte Geschwindigkeit stellt sich z. B. nach einer Steigung automatisch wieder ein, auch wenn das Getriebe automatisch herunterschalten muss. Das Vario-Getriebe kam gerade recht, am Ende der Absatzflaute eine technische Neuheit vorzustellen. Schließlich galt es, in den neuen Bundesländern Marktanteile für große Maschinen zu erobern.

Die Typen 714 und 716 sind mit eigens für Fendt entwickelten Deutz-Motoren mit Vierventiltechnik ausgerüstet. Für höhere Leistungen in den Typen 920 Vario, 924 und 926 Vario muß auf einen MAN-Motor zurückgegriffen werden. In dieser Leistungsklasse bietet der alte Partner MWM keine passenden Aggregate an.
Entsprechend der Motorleistung und der Größe der zu bestellenden Fläche werden immer mehr Gerätekombinationen eingesetzt, um Überfahrten zu sparen. Diese Aufnahme zeigt zwei Favorit Vario 714: einen mit einem Fünfschar-Wendepflug und einen, der direkt danach mit Frontpacker, Kreiselegge und Drillmaschine sät. Die Vorderachse ist mit einer sperrbaren Federung ausgerüstet. (8)

## Technische Daten Fendt Favorit 714 Vario

| | | | |
|---|---|---|---|
| Motor | Deutz-Turbodiesel | Gewicht (kg) | 5980 |
| Zylinder | 6 | Getriebe/Gänge (V/R) | Fendt-Vario stufenlos |
| Bohrung × Hub | 98 ×126 | L × B (mm) | 4640 × 2590 |
| Hubraum (cm³) | 5700 | Geschwindigkeit (km/h) | 50 |
| Leistung (kW/PS) | 103/140 | Baujahr/Prod.-Zeitraum | 1999 |
| Drehzahl (U/min) | 2100 | Besonderheiten | Halbrahmenbauweise, Vorderachsfederung |
| Kühlung | Wasser | Stückzahlen | – |

Fendt ist auch Spitzenreiter, was die Geräteträger-Technik anbelangt. 1951 stellten Lanz mit dem Alldog und Ruhrstahl jeweils ihren ersten Geräteträger vor. Fendt hatte diesbezüglich auch schon Überlegungen angestellt und konnte 1953 nachziehen: der erste Fendt-Geräteträger F 12 GT wurde präsentiert. Mitte und Ende der fünfziger Jahre versuchten sich auch Ritscher und Eicher mit Geräteträgern, nur Eicher konnte lange Zeit mithalten und diese Maschinen bis 1970 verkaufen.

Der Fendt mit dem Doppelholm und drei Anbauräumen wurde mit dem „Fendt-Einmannsystem" beworben: die Geräte sollten bequem und leicht zu montieren sein. Ein Schlepper erledigte alle möglichen Arbeiten. Die Leistungen stiegen, und selbst 1998 sind die Geräteträger fester Bestandteil des Produktprogrammes.

Der GTA 380, der Allradantrieb ist mittlerweile obligatorisch, ist ein vollwertiger Traktor und kann alle Arbeiten, die in einem landwirtschaftlichen Betrieb anfallen, ausführen. Auch das Pflügen mit dem Fünfscharpflug bereitet ihm keine Schwierigkeiten. Die Vorteile sind hervorragende Sichtverhältnisse auf die Anbaugeräte und deren problemloser Einsatz. Diese Baureihe ist mit Zentralholm ausgestattet. Die Motoren müssen sorgfältig ausgewählt sein: bauen sie zu hoch, liegt der Kabinenboden entsprechend hoch und der Einstieg gestaltet sich mühsam.

Zu den Vorzügen zählt auch der mögliche Zwischenachsanbau und eine Getriebeabstufung, die auf Pflegearbeiten mit extrem geringen Geschwindigkeiten abgestimmt ist. (8)

## Technische Daten Fendt GTA 380

| | | | |
|---|---|---|---|
| Motor | Deutz-F4L913-Turbodiesel | Gewicht (kg) | 4480 |
| Zylinder | 4 | Getriebe/Gänge (V/R) | Fendt 21/6 oder 30/9 oder 21/21 |
| Bohrung × Hub | 102 × 125 | L × B (mm) | 4300 × 2140 |
| Hubraum (cm³) | 4086 | Geschwindigkeit (km/h) | 40 |
| Leistung (kW/PS) | 70/95 | Baujahr/Prod.-Zeitraum | 1999 |
| Drehzahl (U/min) | 2400 | Besonderheiten | Vollsynchrongetriebe mit Overdrive |
| Kühlung | Luft | Stückzahlen | – |

Mitte 1990, bei Daimler-Benz und Deutz wurden Überlegungen angestellt, den Trac-Bau einzustellen, präsentierte Fendt ein Vielzweckfahrzeug mit Namen XYLON. Es war wie ein Trac-Schlepper aufgebaut: Allradantrieb, vier(!) Anbauräume, mittig angeordnete Kabine.
Fendt hatte die Erfahrungen aus dem Geräteträgerbau einfließen lassen und eine echte Zweimannkabine vorgesehen, einen Unterflurmotor und fast gleich große Räder. Ideal bei diesem Fahrzeug die Sichtverhältnisse, daher ist auch der Einsatz mit Front- und Heckmähwerk, selbstverständlich sind entsprechende Zapfwellen vorhanden, sehr gut möglich. Die hohe Endgeschwindigkeit, 140 PS

Leistung, 6 Tonnen Zuladung und eine leistungsfähige Hydraulik machen den Xylon auch zu einem attraktiven Fahrzeug für kommunale Zwecke. Hier hatte Fendt auch immer gute Absatzzahlen mit den orangefarben lackierten Geräteträgern erreicht. Mit der gefederten Vorderachse ergibt sich auch ein ausgezeichneter Fahrkomfort. Der Xylon kann ausgerüstet werden mit elektrohydraulischer Unterlenkerregelung EHR, Fendt-Turbokupplung sowie einem Wendegetriebe. Der Motor kommt von MAN. Der Direkteinspritzer ist mit Turbolader und Ladeluftkühlung ausgestattet und ist unter dem Kabinenboden eingebaut. (8)

**Technische Daten Fendt Xylon 524**

| Motor | MAN-D-0824-LUE-Turbodiesel | Gewicht (kg) | 6755 |
|---|---|---|---|
| Zylinder | 4 | Getriebe/Gänge (V/R) | Fendt 44/44 Turboshift, lastschaltbar |
| Bohrung × Hub | 108 × 125 | L × B (mm) | 5410 × 2380 |
| Hubraum (cm³) | 4580 | Geschwindigkeit (km/h) | 50 |
| Leistung (kW/PS) | 103/140 | Baujahr/Prod.-Zeitraum | 2000 |
| Drehzahl (U/min) | 2300 | Besonderheiten | Turbomatik, Wendegetriebe, gefederte Vorderachse |
| Kühlung | Wasser | Stückzahlen | – |

1919 stellte FIAT in Italien den ersten Ackerschlepper her. 1981 wurde die Mähdrescherfertigung der 1884 gegründeten Firma Laverda aufgekauft, die 1947 in den USA gegründete Firma Hesston-Heumaschinen wurde 1975 übernommen. Seit 1981 firmierte diese Gruppe unter FIATAGRI. 1991 kam es zu einer weiteren Elefantenhochzeit: man schloss sich mit Ford New Holland zusammen. Gemeinsam glaubte man den Anforderungen des Marktes besser gewachsen zu sein. Markenname war seither übrigens New Holland.

Der Fiat 850-1 DT ist allerdings noch ein reinrassiger FIAT mit einem OM-Motor, der in Frankreich hergestellt wurde.

Er hat schon über 10000 Betriebsstunden geleistet. Der Allradantrieb hat bei FIAT eine lange Tradition: schon Mitte der 50er Jahre konnten Allradschlepper geliefert werden.

Zu seiner Zeit war er erheblich günstiger im Anschaffungspreis als ein etwa gleich starker Fendt Favorit 4S, ein Eicher Wotan oder ein Deutz D 8006.

Er dient heute auf einem größeren Betrieb nur noch als Reserveschlepper, sprang aber sogleich an, um in Fotografierposition zu fahren. Die meisten Arbeiten erledigt jetzt ein Markenkollege: ein Fiatagri F 100 DT.

## Technische Daten FIAT 850-1 DT

| | | | |
|---|---|---|---|
| Motor | Viertakt-Diesel OM CO 3/80 in Frankreich hergestellt | Gewicht (kg) | 3800 (zul. Ges.gew: 5990) |
| Zylinder | 4 | Getriebe/Gänge (V/R) | Fiat 12/4 |
| Bohrung × Hub | 110 × 130 | L × B (mm) | 4130 × 2280 |
| Hubraum (cm³) | 4940 | Geschwindigkeit (km/h) | 25 |
| Leistung (kW/PS) | 62,5/85 | Baujahr/Prod.-Zeitraum | 1970/1970 – 1977 |
| Drehzahl (U/min) | 2100 | Besonderheiten | OM-Einspritzpumpe Lizenz Bosch, Lenkradschaltung, Frontlader |
| Kühlung | Wasser | Stückzahlen | – |

Schon ab 1961 versuchte FIAT in Deutschland Schlepper zu verkaufen. Erster Partner war kurze Zeit lang der süddeutsche Schlepperhersteller Stihl, der damit seine eigene Produktpalette erweitern wollte: er hatte nämlich nur kleine Traktoren mit Zweitaktmotoren im Programm. Doch der Weg war mühsam für Fiat. Erst Mitte der sechziger Jahre hatte man die ersten tausend FIAT-Traktoren in Deutschland verkauft. Mit großzügigen Montagemöglichkeiten in Heilbronn (zur Umrüstung auf deutsche Bestimmungen und Komplettierung der Maschinen) konnte FIAT den Marktanteil aber immer weiter steigern, der

dann 1971 bei 3,3 % aller Neuzulassungen in Deutschland lag.

Immer größere Maschinen wurden konstruiert und hergestellt, um auch Großbetriebe zu motorisieren. Motoren mit Direkteinspritzung, Vollsynchrongetriebe und Komfortkabine zeichneten die neue FIAT-DT-Reihe aus.

Die Konkurrenz zum 155 PS starken 1580 DT war beispielsweise der Schlüter 1500, der IHC 1246 oder 1455, der Fendt Favorit 615 oder ein MB-Trac 1300. Im Vergleich zu den deutschen Traktoren war der FIAT immer etwas günstiger im Anschaffungspreis.

## Technische Daten Fiat 1580 DT

| | | | |
|---|---|---|---|
| Motor | Viertakt-Diesel OM 8365.05.500 Direkteinspritzer | Gewicht (kg) | 5600 |
| Zylinder | 6 | Getriebe/Gänge (V/R) | Fiat 16/4 mit Lastschaltung |
| Bohrung x Hub | 115 × 130 | L × B (mm) | 4700 × 2360 |
| Hubraum (cm³) | 8102 | Geschwindigkeit (km/h) | 30 |
| Leistung (kW/PS) | 114/155 | Baujahr/Prod.-Zeitraum | 1976 |
| Drehzahl (U/min) | 2100 | Besonderheiten | EHR |
| Kühlung | Wasser | Stückzahlen | – |

Im FIAT 1580 DT arbeitet noch eine FIAT-Einspritzpumpe, der FIATAGRI 180-90 hat 12 Jahre später längst eine Bosch-Einspritzpumpe. Die Einkäufer des Konzerns waren also auch schon auf dem Weg zur Internationalisierung der Beschaffung. Seit 1988 firmierte man unter FIATgeotech (nach dem Zusammenschluss mit FIAT-Allis-Baumaschinen), behielt aber den Produktnamen FIATAGRI bei.

Für den Einsatz auf Großbetrieben fasst der Dieseltank des 180-90 DT 280 Liter! Der Motor ist mit 18 l Öl gefüllt, das Getriebe mit 46 l, was nicht nur mit erhöhter Schmier-

leistung zu erklären ist: auch die Wärme muss zuverlässig abgeführt werden.

Motor- und Zapfwellenleistung und Hubkraft der Hydraulik müssen den Erfordernissen angepaßt sein. Zu den großen Schlägen Schleswig-Holsteins passt dieser 180-90 mit Säkombination und Frontpacker (für die Zwischenfruchtsaat nach der Getreideernte) hervorragend. Er ist sicher lange unterwegs, da kommt der Landwirt mit dem 280-l-Tank gut zurecht.

Für diesen Schlepper mussten 1995 zwischen DM 120000.– bis DM 125000.– angelegt werden.

## Technische Daten FIATAGRI 180-90 DT

| Motor | FIAT-OM-Turbodiesel | Gewicht (kg) | 7050 |
|---|---|---|---|
| Zylinder | 6 | Getriebe/Gänge (V/R) | Fiat 16/16 oder 24/8 4 Lastschaltstufen |
| Bohrung × Hub | 112 × 130 | L × B (mm) | 4880 × 2360 |
| Hubraum (cm³) | 8102 | Geschwindigkeit (km/h) | 30/40 |
| Leistung (kW/PS) | 133/180 | Baujahr/Prod.-Zeitraum | 1992 |
| Drehzahl (U/min) | 2200 | Besonderheiten | Fronthydraulik |
| Kühlung | Wasser | Stückzahlen | – |

1986 übernimmt Ford den Landmaschinenhersteller Sperry New Holland, der im Bereich Erntetechnik zu Hause ist. 1991 wird dann Ford von FIAT übernommen. Damit ist ein großer Konzern entstanden, der alle wichtigen Produktionsbereiche umfasst. Die allerneueste Entwicklung ist die Übername von CASE-Steyr!

1990 stellte FIAT (im Vorfeld der Fusion mit Ford New Holland) die Winner-Serie vor. Sie umfasst zunächst Schlepper von 100 bis 130 PS. Es gibt eine Zeit lang dieselben Traktoren in blauer oder graubrauner Lackierung (Ford- bzw- FIATAGRI-Farben). Mit DM 84000.– ist die Maschine relativ preiswert. Der Wendekreis von 9,8 m ist ein durch-

aus günstiger Wert. Das Getriebe ist mit einer synchronisierten Wendeschaltung ausgerüstet, Frontkraftheber und Frontzapfwelle sind vorhanden.

Noch ist ein italienischer OM-Motor eingebaut. Man darf gespannt sein, wie sich die Fusionen auf die Auswahl von Aggregaten auswirken. Die Zeiten, in denen nur ein Partner zur Verfügung stand, sind vorbei: Massey-Ferguson verwendet beispielsweise englische Perkins- und finnische Sisu-Valmet-Motoren, Fendt war jahrzehntelang treuer MWM-Kunde, baut aber seit 1998 in die stärksten Modelle MAN-Triebwerke ein, mittlerweile werden auch Deutz-Motoren bezogen.

## Technische Daten FIATAGRI F 100 DT

| Motor | OM C 08/80 Viertakt-Saugdiesel | Gewicht (kg) | 4800 |
|---|---|---|---|
| Zylinder | 6 | Getriebe/Gänge (V/R) | Fiat 16/16 oder 20/16 oder 32/16 mit Lastschaltstufen |
| Bohrung × Hub | 104 × 115 | L × B (mm) | 4670 × 2320 |
| Hubraum (cm³) | 5861 | Geschwindigkeit (km/h) | 40 |
| Leistung (kW/PS) | 73,5/100 | Baujahr/Prod.-Zeitraum | 1995 |
| Drehzahl (U/min) | 2200 | Besonderheiten | 540er- und 1000er-Zapfwelle |
| Kühlung | Wasser | Stückzahlen | – |

Ford lieferte schon im Laufe des Ersten Weltkrieges Traktoren von den USA nach Großbritannien. Das Reichskuratorium für Technik in der Landwirtschaft erlaubte den Import der Fordson-Traktoren, die mit mehrzylindrigen Motoren, Blockbauweise, vergleichsweise niedrigem Gewicht und günstigem Preis der deutschen Konkurrenz mindestens ebenbürtig waren, wenn nicht überlegen, zumal viele deutsche Hersteller noch auf Motorpflüge setzten. Der Fordson kostete auch nur ein Drittel eines Stock-Traktors. 1923 schnitt der Fordson in einem Vergleichstest hervorragend ab, und schon 1924 liefen bereits um die 200

Fordson-Schlepper im Deutschen Reich. Weitere Lose mit mehreren 100 Stück durften importiert werden.

Der Fordson F war mit einem Vergasermotor und elektrischer Zündung ausgerüstet, der aus einem 80-l-Tank gespeist wurde. Angelassen wurde er aber mit Benzin. Die Literatur weist als Hersteller der Zündung Robert Bosch aus. Natürlich gingen die meisten Fordson-Schlepper mit Stahlgreiferrädern in landwirtschaftliche Großbetriebe, eine kleine Anzahl durfte mit Vollgummibereifung Straßentransportaufgaben verrichten. (1)

## Technische Daten Fordson F

| Motor | Ford-Vergasermotor | Gewicht (kg) | 1280 |
|---|---|---|---|
| Zylinder | 4 | Getriebe/Gänge (V/R) | Ford 3/1 |
| Bohrung × Hub | 101,6 × 127 | Radstand (mm) | 1600 |
| Hubraum (cm³) | 3900 | Geschwindigkeit (km/h) | ca. 10 |
| Leistung (kW/PS) | 16 – 20/22 – 28 | Baujahr/Prod.-Zeitraum | 1928 |
| Drehzahl (U/min) | 1100 | Besonderheiten | Bosch-Zündung, Petroleumbetrieb |
| Kühlung | | Stückzahlen | – |

Der Zweite Weltkrieg brachte eine große Zäsur in die weitere Verbreitung der Fordson-Traktoren, und auch der Neubeginn danach war nicht einfach für das Unternehmen.

Mittlerweile konnten die britischen bzw. irischen Produktionsstätten von Ford (Cork und Dagenham) mit modernen Fließbändern immer größere Mengen produzieren und z. B. in viele Kolonien Großbritanniens exportieren. Dies zeigt sich in Verkaufszahlen, die weit über denen deutscher Hersteller lagen.

Ein richtiger Erfolg auch für den Export nach Deutschland wurde erst die Reihe „Major". Es gab zwei Ausführungen, den Super Major und den Power Major, die alle den Vier-zylinder-Viertakt-Dieselmotor von Ford eingebaut hatten. Diese Motoren waren moderne Konstruktionen mit fünffach gelagerter Kurbelwelle und zahnradgetriebener Nockenwelle.

Der Major kostete mit Regelhydraulik etwas über DM 14000.– und war zusätzlich mit Zapfwelle, Riemenscheibe und Aufhängung für Geräte der Kategorie I und II ein wirklich moderner Traktor. Die inländische Konkurrenz bestand aus dem Hanomag Robust, dem Fendt F 40 oder Favorit 2, dem Eicher ED 310 oder Königstiger oder dem Deutz D 50. Wer damals schon Importtraktoren kaufen wollte, für den war der Massey-Ferguson MF 65 interessant. (1)

## Technische Daten Fordson Super Major

| Motor | Ford-Diesel E1 ADDN | Gewicht (kg) | 2475 |
|---|---|---|---|
| Zylinder | 4 | Getriebe/Gänge (V/R) | Ford 6/2 (2 Gruppen) |
| Bohrung × Hub | 100 × 115 | L × B (mm) | 330 × 1600 – 2100 |
| Hubraum (cm³) | 3610 | Geschwindigkeit (km/h) | 20 |
| Leistung (kW/PS) | 38/52 | Baujahr | 1959 |
| Drehzahl (U/min) | 1650 | Besonderheiten | Regelhydraulik |
| Kühlung | Wasser | Stückzahlen | 1959: 43435 Major (1960 Deutz als Marktführer: 13825) |

Die Dexta-Baureihe war innerhalb der Major-Baureihe als Unterkonstruktion angesiedelt. Sie wurde mit leichten, aber dennoch leistungsfähigen Maschinen den Bedürfnissen der deutschen Landwirte voll gerecht. Nach der damaligen Devise „pro Hektar ein PS" waren damit deutsche Vollerwerbsbetriebe ohnehin fast übermotorisiert.

1960 wurden in den englischen Werken 27489 Dexta produziert, davon gingen 2089 nach Deutschland.

Ein Problem der nach Deutschland exportierten Fordson Dexta – sie kamen über das Kölner Ford-Werk – war die Geschwindigkeit. Sie liefen im sechsten Gang 27 km/h,

zuviel für die von den deutschen Behörden erlaubten 20. Bevor die Drehzahlen gedrosselt wurden, verschwiegen Prospekte häufig diesen schnellen Gang, oder die Geschwindigkeit wurde entgegen der Realität einfach mit 20 km/h angegeben!

Ein ganz seltenes Stück ist dieser Dexta mit Allradantrieb. Die Vorderachse kommt von Manuel Selene aus Italien. Sicherlich sind nur ganz wenige Exemplare in Deutschland verkauft worden. Die Besitzer setzen ihn heute noch für leichte Arbeiten ein, ansonsten führt er ein ruhiges Dasein.

### Technische Daten Fordson Dexta Allrad

| | | | |
|---|---|---|---|
| Motor | Ford 957 E, Direkteinspritzer | Gewicht (kg) | 1800 |
| Zylinder | 3 | Getriebe/Gänge (V/R) | Ford 6/2 |
| Bohrung × Hub | 89 × 127 | L × B (mm) | 3030 × 1630 |
| Hubraum (cm³) | 2348 | Geschwindigkeit (km/h) | 20 |
| Leistung (kW/PS) | 24/32 | Baujahr/Prod.-Zeitraum | 1960 |
| Drehzahl (U/min) | 2250 | Besonderheiten | Allrad, Frontlader, Simms-Einspritzpumpe |
| Kühlung | Wasser | Stückzahlen | ca. 6000 Stück |

Schon 1960 lag Ford mit der Dexta-Reihe auf Platz 14 der Zulassungszahlen.

In den frühen sechziger Jahren war der Bedarf an Traktoren europaweit stark gestiegen. Ford konnte in Europa und weltweit hohe Absatzzahlen erreichen. Als Kolonialland gingen von Großbritannien aus Ford-Schlepper auch nach Afrika und Asien. Diese steigende Nachfrage wurde mit neuen Werken befriedigt: in Essex und Antwerpen entstanden neue Produktionsstätten. Fast 4000 in Antwerpen gefertigte Maschinen wurden 1966 nach Deutschland eingeführt – mehr als die komplette Jahresproduk-

tion von Kramer oder Daimler-Benz. Massey-Ferguson lag bei etwas mehr als 6000 importierten Einheiten (dies entsprach der ganzen Jahresproduktion von Hanomag). Damit schwang sich Ford auf einen Inlandsmarktanteil von 5 %. Je nach Region und Vertreter taten sich die deutschen Landwirte dennoch schwer bei einer Kaufentscheidung zu Gunsten von Ford. Schließlich gab es in dieser Leistungsklasse immer noch genug deutsche Hersteller, die ausgezeichnete Traktoren liefern konnten.

Dieser 48 PS starke Dreizylindertyp dient auf einem Pferdehof zum Planieren der Reitbahn.

### Technische Daten Ford Dexta Super 3000

| | | | |
|---|---|---|---|
| Motor | Ford-Diesel ND, Direkteinspritzer | Gewicht (kg) | 1810 |
| Zylinder | 3 | Getriebe/Gänge (V/R) | Ford 8/2 |
| Bohrung × Hub | 106 × 106 | L × B (mm) | 3015 × 1880 |
| Hubraum (cm$^3$) | 2868 | Geschwindigkeit (km/h) | 30 |
| Leistung (kW/PS) | 35/48 | Baujahr/Prod.-Zeitraum | 1969 |
| Drehzahl (U/min) | 2200 | Besonderheiten | – |
| Kühlung | Wasser | Stückzahlen | – |

Der Anteil an Neuzulassungen von Ford-Schleppern von ca. 5% Mitte der sechziger Jahre nahm in den folgenden Jahren laufend ab. Es gab gelegentlich Qualitätsprobleme, in der Hauptsache aber boten andere Marken gleichfalls attraktivere Modelle an. Auch die Ford-Händler wanderten häufig zu anderen Marken ab. Dennoch wurden 1975 mit 1755 verkauften Einheiten noch 2,7 % aller Neuzulassungen erreicht. Eicher lag noch 300 Schlepper darüber, Fendt mit 9442 Maschinen auf Platz 3. Den ersten Platz nahm IHC ein.

Dieser 6600 arbeitet heute noch als Zweitschlepper auf einem Vollerwerbsbetrieb und verrichtet in erster Linie leichte Transportaufgaben. Dies zeugt doch von einer gewissen Robustheit, die mancher Landwirt dem Ford nicht so recht zutraute.

Der Ford-Motor hat eine Einscheiben-Trockenkupplung, die Zapfwellenkupplung läuft im Ölbad und ist mit mehreren Scheiben ausgestattet. Der Tank faßt 76 l Diesel. Modern schon damals waren die Scheibenbremsen. Das Vierganggetriebe mit zwei Gruppen erlaubt Geschwindigkeiten von 2,8/3,4/6,0/8,2/9,9/12,2/21,4/29,1 km/h vorwärts und 3,9/14,1 rückwärts.

**Technische Daten Ford 6600**

| | | | |
|---|---|---|---|
| Motor | Ford-Saugdiesel 6600 | Gewicht (kg) | 3250 |
| Zylinder | 4 | Getriebe/Gänge (V/R) | Ford 8/2 |
| Bohrung × Hub | 106 × 111 | L × B (mm) | 3960 × 1830 |
| Hubraum (cm³) | 4195 | Geschwindigkeit (km/h) | 30 |
| Leistung (kW/PS) | 58/78 | Baujahr/Prod.-Zeitraum | 1976 |
| Drehzahl (U/min) | 2100 | Besonderheiten | Scheibenbremsen |
| Kühlung | Wasser | Stückzahlen | – |

Eine Klasse schwerer, sprich leistungsstärker, war der Typ 7400. Noch hatte sich der Allradantrieb als Standardausrüstung nicht vollständig durchgesetzt. Dies ist heutzutage für einen fast 100 PS starken Traktor undenkbar. Ford hätte selbstverständlich eine Allradausführung angeboten, aber viele Landwirte glaubten, ohne auszukommen! Auch die Getriebeabstufung mit 4 Vorwärtsgängen und einem Rückwärtsgang in zwei Gruppen ist heute kaum mehr vorstellbar.

Dieser Maschine standen folgende Konkurrenzprodukte gegenüber: der John Deere 4040 mit 110 PS, aber sechs Zylindern und 16/6-Gang-Getriebe, der Fendt Favorit 610 mit 90 PS, der Deutz D 10006 mit einer besseren Getriebeabstufung oder der Schlüter Compact 1150. Aber auch ein FIAT DT 850 mit 85 PS war eine Alternative oder ein Renault 851-4, ebenso stark. Massey-Ferguson konnte den Typ 1080 (vier Zylinder) mit 88 oder den 1200er-Allrad (sechs Zylinder) mit 108 PS anbieten. Ein MB-Trac konnte natürlich auch Paroli bieten, lag aber im Anschaffungspreis wesentlich höher. (2)

**Technische Daten Ford 7400**

| Motor | Ford-Saugdiesel 7400 | Gewicht (kg) | 5535 |
|---|---|---|---|
| Zylinder | 4 | Getriebe/Gänge (V/R) | Ford 8/2 |
| Bohrung × Hub | 106 × 111 | L × B (mm) | 3720 × 1850 |
| Hubraum (cm³) | 4195 | Geschwindigkeit (km/h) | 30 |
| Leistung (kW/PS) | 69/93 | Baujahr/Prod.-Zeitraum | 1977 |
| Drehzahl (U/min) | 2100 | Besonderheiten | Simms-Einspritzpumpe, Frontlader |
| Kühlung | Wasser | Stückzahlen | – |

Fünfzehn Jahre Traktorentwicklung liegen zwischen dem 7400 und dem hier gezeigten 7740 A. Er hatte alles, was, nunmehr auch schon vor 10 Jahren, ein moderner Traktor brauchte: Allradantrieb, gute Getriebeabstufung, Vollsynchronisation, Wendeschaltung, Klimaanlage, genügend Hydraulikanschlüsse.

Nachdem sich Ford und New Holland 1987 zusammengeschlossen hatten und 1991 Fiatagri hinzugekommen war, war eine schlagkräftige Firmengruppe entstanden. Man konnte nun alle Leistungsklassen abdecken. Die Marktanteile von etwas mehr als 1 % Neuzulassungen

von Ford und mehr als 5 % von Fiat bleiben in etwa gleich. Die positive Wirkung der Synergieeffekte dieser Zusammenschlüsse ist eingetreten, und das Fusionskartell hat sich ja inzwischen weiter gedreht.

Der blaue Ford New Holland (New-Holland-Braun existiert als Farbe auch noch) ist auf einem Vollerwerbsbetrieb mit Milchviehhaltung der Leistungsträger. Die gesamte Bodenbearbeitung, säen, Transportarbeiten oder die Grassilage wie hier mit dem Ladewagen, werden von ihm erledigt. Der Besitzer schwört auf das hohe Drehmoment bei niedrigen Drehzahlen des langhubigen Ford-Motors.

## Technische Daten FORD New Holland 7740 A

| | | | |
|---|---|---|---|
| Motor | Ford 450 Turbodiesel | Gewicht (kg) | 5080 |
| Zylinder | 4 | Getriebe/Gänge (V/R) | Ford 8/2 oder 12/12 in 2 Gruppen, alle rückwärts schaltbar |
| Bohrung × Hub | 112 × 127 | L × B (mm) | 4478 × 2510 |
| Hubraum (cm³) | 4987 | Geschwindigkeit (km/h) | 44 |
| Leistung (kW/PS) | 72/98 | Baujahr/Prod.-Zeitraum | 1992 |
| Drehzahl (U/min) | 2070 | Besonderheiten | Klimaanlage, Wendeschaltung, Gruppe unter Last schaltbar |
| Kühlung | Wasser | Stückzahlen | – |

Seit dem Zusammenschluss von Ford und New Holland und der Übernahme durch den Fiat-Konzern ist die Modellpalette etwas undurchsichtig geworden: blaue Ford-Schlepper, braune Fiat- oder Ford-Typen, die jetzt als New Holland verkauft werden, reinrassige Fiat-Konstruktionen, die als Ford verkauft werden. Dies ist aber gang und gäbe im Traktorenbau: John Deere und Renault „teilen" sich auch eine bestimmte Leistungsklasse, Case und Steyr ebenfalls.

Der New Holland M 135 ist ein Vertreter der mittleren Leistungsklasse. Der Motor ist ein echter „Ford"-Langhuber mit viel Hubraum. Dadurch ist ein sehr gutes Durchzugs-

vermögen vorhanden, allerdings auf Kosten eines relativ hohen Verbrauchs. Der Traktor ist braun lackiert, also in den ehemaligen Fiat-Farben, aber baugleich mit dem Ford 8360.

Der M 135 kostet mit Kabine (!) und Druckluftausrüstung rund DM 135000.–, ist damit teurer als ein vergleichbarer Lamborghini oder auch Deutz-Fahr, liegt mit dem John Deere fast gleich, nur der Fendt ist noch etwas teurer.

Dieser M 135 durfte sich als Freizeitbeschäftigung beim Traktor-Pulling vor dem Bremswagen beweisen, daneben sein Konkurrent, ein John Deere, beide hatten es aber nicht zu einem „Full-Pull" gebracht.

## Technische Daten New Holland M 135

| | | | |
|---|---|---|---|
| Motor | New-Holland-L-456-Turbodiesel | Gewicht (kg) | 5475 |
| Zylinder | 6 | Getriebe/Gänge (V/R) | New Holland 18/6 oder 24/12 |
| Bohrung × Hub | 112 × 127 | L × B (mm) | 4580 × 2130 |
| Hubraum (cm³) | 7480 | Geschwindigkeit (km/h) | 40 |
| Leistung (kW/PS) | 99/135 | Baujahr/Prod.-Zeitraum | 1998 |
| Drehzahl (U/min) | 2200 | Besonderheiten | sechs Lastschaltstufen |
| Kühlung | Wasser | Stückzahlen | – |

Die allerneueste Entwicklung der New-Holland-Gruppe ist die G-Serie. Ein Vertreter davon ist der 8870 A. Man kann weiterhin blaue (ehemalige Ford-Lackierung) und braune (ehemalige Fiat-New-Holland-Lackierung) Maschinen sehen. Die allerneueste Nachricht bezüglich Firmenzusammenschlüssen ist übrigens eine Übernahme von Case durch New Holland – der Konzentrationsprozess schreitet unaufhaltsam fort.

Interessantes technisches Detail dieser Maschine ist eine „Super-Steer-Lenkachse". Sie kann auch um den Drehpunkt der Aufhängung herum eingeschlagen werden und senkt damit den Wendekreis beträchtlich. Noch ist New Holland die einzige Firma, die so etwas anbietet. Mit dem Power-Shuttle-Getriebe kann die Fahrtrichtung ohne Betätigung des Kupplungspedals geändert werden, für Frontladerarbeiten eine hervorragende Sache. EHR (elektrohydraulische Hubwerksregelung) ist selbstverständlich, die Komfort-Kabine verspricht einen ermüdungsfreien Arbeitstag des Traktorfahrers. Es können über 5 t Nutzlast aufgesattelt werden. Damit hat der Traktor über 13 Tonnen Gesamtgewicht – vergleichbar einem Mittelklasse-Lkw. Der Preis des Ford 8870 A liegt bei knapp DM 170000.–! (10)

## Technische Daten New Holland 8870 A

| | | | |
|---|---|---|---|
| Motor | Ford-Turbodiesel VA 456 | Gewicht (kg) | 8685 |
| Zylinder | 6 | Getriebe/Gänge (V/R) | New Holland 18/9 oder 36/18 lastschaltbar |
| Bohrung × Hub | 112 × 127 | L × B (mm) | 5030 × 2540 |
| Hubraum (cm³) | 7480 | Geschwindigkeit (km/h) | 40 |
| Leistung (kW/PS) | 155/210 | Baujahr/Prod.-Zeitraum | 2000 |
| Drehzahl (U/min) | 2100 | Besonderheiten | erhöhter Lenkeinschlag, Ladeluftkühlung, Halbrahmenbauweise |
| Kühlung | Wasser | Stückzahlen | – |

Die ersten landwirtschaftlichen Maschinen der Hannoverschen Maschinenbau AG waren Motorpflüge, die um 1920 gebaut wurden. Ab 1924 arbeiteten die Konstrukteure, insbesondere die Ingenieure Wendeler und Dohrn, an einem Traktor. Das Ergebnis war der WD-Radschlepper mit 26-PS-Vergasermotor.

Der Ingenieur Schargorodsky entwickelte für Hanomag um 1930 eine Diesel-Einspritzpumpe, die zum Herzstück einer Reihe von Dieselmotoren wurde. 1931 entstand der berühmte D-52-Motor, der zunächst 38 PS, dann 45 und später 50 PS leistete. Die Leistungsunterschiede kamen durch höhere Drehzahlen und erhöhte Fördermengen der Einspritzpumpe zustande. Ansonsten waren die Motoren identisch.

Der D 52 wurde hauptsächlich in die AR-, SR- und AGR-Typen eingebaut. Es waren Traktoren mit Eisen- oder Luftbereifung und Dreiganggetrieben, die in der Landwirtschaft oder bei Fuhrbetrieben liefen. Letztere waren elegante Maschinen mit Verdeck, Elektrostarter, oft Zwillingsbereifung, Beleuchtung. Sie kosteten je nach Ausstattung zwischen 5500 und 7500 Reichsmark.

Ein solch schönes Stück ist hier abgebildet. Die beiden neuen Batterien mögen dem Hanomag zu einem guten Start verhelfen. Besonders elegant wirken sie unverkleidet nicht. (7)

**Technische Daten Hanomag SR 45**

| Motor | Hanomag-D-52-Viertakt-Diesel mit Vorkammer | Gewicht (kg) | 3900 |
|---|---|---|---|
| Zylinder | 4 | Getriebe/Gänge (V/R) | Hanomag 3/1 |
| Bohrung × Hub | 105 × 150 | L × B (mm) | 3420 × 2122 |
| Hubraum (cm³) | 5190 | Geschwindigkeit (km/h) | 18 |
| Leistung (kW/PS) | 33/45 | Baujahr/Prod.-Zeitraum | ab 1936 |
| Drehzahl (U/min) | 1300 | Besonderheiten | auf Wunsch Elektrostarter |
| Kühlung | Wasser | Stückzahlen | – |

Auch der Hanomag R 40 hatte den D-52-Motor eingebaut. Der Typ wurde von 1942 bis 1951 gebaut und war
ein durchaus elegantes Fahrzeug. Erst 1950/51 erfuhr er
durch den R 45 die Ablösung. Die Anzahl der insgesamt
gebauten Fahrzeuge belief sich auf einige Tausend.
Der R 40 war als Ackerschlepper größeren Betrieben vorbehalten. Er kam aber auch als Zugmaschine bei Fuhrbetrieben zum Einsatz. Später war er bei Schaustellern sehr
beliebt. Der Nachfolger und sein größerer Bruder, der R
55 waren bis weit in die achtziger, ja sogar neunziger
Jahre bei Schaustellerbetrieben und Zirkusunternehmen

anzutreffen. Einige wenige Exemplare haben sich bis
heute gehalten.
Der Betrachter darf sich nicht verwundern lassen: der Abstand zwischen Reifen und Kotflügel ist bei dieser Baureihe extrem gering, es hat den Anschein, als seien zu
große Reifen montiert, was aber tatsächlich nicht der Fall
ist.
Dieser R 40 hat nur ein Dreiganggetriebe, also ist es ein
R 40 B, der eigentlich mit Eisenbereifung ausschließlich
für landwirtschaftliche Zwecke gebaut wurde. Er kostete
1947 DM 12445.–

## Technische Daten Hanomag R 40 B

| | | | |
|---|---|---|---|
| Motor | Hanomag-D-52-Viertakt-Diesel mit Vorkammer | Gewicht (kg) | 3465 mit Eisenbereifung |
| Zylinder | 4 | Getriebe/Gänge (V/R) | Hanonag 3/1 |
| Bohrung × Hub | 105 × 150 | L × B (mm) | 3525 × 1800 |
| Hubraum (cm³) | 5190 | Geschwindigkeit (km/h) | 8,5 |
| Leistung (kW/PS) | 29/40 | Baujahr/Prod.-Zeitraum | 1947 |
| Drehzahl (U/min) | 1200 | Besonderheiten | ursprünglich nur eisenbereift |
| Kühlung | Wasser | Stückzahlen | 1061 |

Anfang der fünfziger Jahre erweiterte Hanomag sein Traktorenprogramm um den R 19, R 27 und R 35. Sie entstanden durch geringfügige Modifikationen an den Motoren der Typen R 16, R 22 und R 27. Damit standen insgesamt neun Traktorentypen zur Auswahl. Der Bedarf an Zugfahrzeugen für die Landwirtschaft war stark angestiegen, auch stärkere Traktoren – und der 35-PS-Hanomag konnte als solcher bezeichnet werden – waren gefragt.

Im R 35 arbeitete der Motor D 28, ein Vorkammer-Diesel mit vier Zylindern. Es war eine Baukastenkonstruktion mit zwei, drei oder vier Zylindern mit 19, 27 und 35 PS.

Deutz bot zu diesem Zeitpunkt noch den Vorkriegs-Stahlschlepper mit zwei Zylindern und 35 PS Leistung an.

Der R 35 wurde nicht mehr in Blockbauweise ausgeführt, sondern hatte einen Hilfsrahmen (Halbrahmen), der den Motor trug und ihn mit dem Getriebe verband. Von diesem Typ existiert vor allem für den Export auch eine „Row Crop"-Version mit vorderem Doppelrad für Pflegearbeiten in Plantagen.

Bis Mitte der fünfziger Jahre hatte Hanomag bei den Neuzulassungen in Deutschland einen Anteil von 14 % erreicht.

## Technische Daten Hanomag R 35

| | | | |
|---|---|---|---|
| Motor | Hanomag-D-28-Viertakt-Diesel mit Vorkammer | Gewicht (kg) | 1940 |
| Zylinder | 4 | Getriebe/Gänge (V/R) | Hanomag 5/1 oder 8/2 |
| Bohrung × Hub | 90 × 110 | L × B (mm) | 2990 × 1580 |
| Hubraum (cm³) | 2799 | Geschwindigkeit (km/h) | 18 |
| Leistung (kW/PS) | 25,7/35 | Baujahr/Prod.-Zeitraum | ab 1952 |
| Drehzahl (U/min) | 1900 | Besonderheiten | Halbrahmenbauweise, Frontlader |
| Kühlung | Wasser | Stückzahlen | – |

Die guten Verkaufszahlen bis 1954, ersichtlich am ersten Platz bei den Neuzulassungen, rutschten 1956 in den Keller. Der Strukturwandel der Landwirtschaft mit dem Absatzrückgang und der Verringerung der Anzahl landwirtschaftlicher Betriebe begann sich abzuzeichnen. Außerdem hatte Hanomag mit den Zweitaktmotoren, die bei den Bauern überhaupt nicht angekommen waren, einen großen Imageverlust erlitten. Für die nächsten Jahre rangierte Hanomag mit rund 7 % Neuzulassungen (etwas mehr als 6000 Einheiten) auf dem fünften Platz.
1957 wurden die Hauben der Viertakt-Modelle den rundlicheren der Zweitakter angepasst.

Der R 435 ist ein Vertreter dieser Modellreihe. In ihm arbeitet der bekannte D-28-Motor mit 35 PS. Im Typ R 435/45 konnte er mit einem Roots-Gebläse auf 45 PS Leistung gesteigert werden, was aber mit Mehrkosten von über 2500 DM verbunden war. Dieser leistungsgesteigerte Typ hatte eine Zweischeibenkupplung. Mit ihr konnten Fahr- und Zapfwellenkupplung getrennt betätigt werden (je nachdem, ob das Kupplungspedal teilweise oder ganz durchgetreten wurde). Auch der R 435 war ein Halbrahmenschlepper. Sein Preis mit Riemenscheibe, aber ohne Frontlader lag bei ca. DM 10195.–.

**Technische Daten Hanomag R 435**

| | | | |
|---|---|---|---|
| Motor | Hanomag-D-28-Viertakt-Diesel mit Vorkammer | Gewicht (kg) | 1700 |
| Zylinder | 4 | Getriebe/Gänge (V/R) | Hanomag 10/2 |
| Bohrung × Hub | 90 × 110 | L × B (mm) | 3000 × 1610 |
| Hubraum (cm³) | 2799 | Geschwindigkeit (km/h) | 20 |
| Leistung (kW/PS) | 25,7/35 | Baujahr/Prod.-Zeitraum | ab 1957 |
| Drehzahl (U/min) | 1900 | Besonderheiten | Halbrahmenbauweise, Frontlader |
| Kühlung | Wasser | Stückzahlen | – |

Mit dem Robust 800 erregte die Hanomag 1964 wieder Aufsehen. Mit seinen 75 PS trat er die Nachfolge des R 460 an, dessen Motor 58 PS leistete. Der Robust war übrigens der letzte Hanomag mit dem langhubigen Vorkammermotor. Er fand auch in der Hanomag-Planierraupe K7 Verwendung und brachte stattliche 635 kg auf die Waage.

Der Robust 800 war für größte Betriebe und Lohnunternehmer gedacht. An der Dreipunkthydraulik konnten 2200 kg gehoben werden, eine beachtliche Leistung. Die Zapfwellenkupplung war von der Fahrkupplung unabhängig und unter Last schaltbar. Die Vorderachse war gefedert, auch der Fahrersitz war komfortabel hydraulisch gedämpft.

Dieser Hanomag konkurrierte höchstens mit dem seltenen Güldner G 75, mit dem Schlüter S 900 V, mit dem Deutz D 80. Der vergleichbare Eicher Wotan wurde erst 1969 herausgebracht. Der Robust 800 S hatte ein Schnellganggetriebe, mit dem er 26 km/h lief.

1965 lag Hanomag mit 6075 verkauften Einheiten (fast genauso viel wie Massey-Ferguson) auf dem vierten Platz der Neuzulassungen, hinter Deutz, Fendt und IHC. Die Jahresstückzahl lag bei 84361 in Deutschland neu zugelassenen Traktoren.

## Technische Daten Hanomag Robust 800

| | | | |
|---|---|---|---|
| Motor | Hanomag-D-941-R-Viertakt-Diesel mit Vorkammer | Gewicht (kg) | 3500 |
| Zylinder | 4 | Getriebe/Gänge (V/R) | Hanomag 10/21 |
| Bohrung × Hub | 120 × 150 | L × B (mm) | 3800 × 1970 |
| Hubraum (cm³) | 6786 | Geschwindigkeit (km/h) | 20 |
| Leistung (kW/PS) | 55/75 | Baujahr/Prod.-Zeitraum | ab 1964 |
| Drehzahl (U/min) | 1500 | Besonderheiten | Blockbauweise |
| Kühlung | Wasser | Stückzahlen | – |

1967 brachte Hanomag eine neue Baureihe heraus, die Typen von 25 bis 85 PS Leistung umfasste. Der D-161-Motor mit 4250 cm³ Hubraum konnte dabei Leistungen zwischen 68 und 95 PS erbringen. Es war eine Baukastenkonstruktion mit zwei, drei, vier oder sechs Zylindern. Die Ausführung mit der Hanomag-Wirbelkammer versprach gute Starteigenschaften, geringen Verbrauch, hohe Standzeit, optimales Drehmoment. Neu war die Zweikreiskühlung für thermisch hochbeanspruchte Motorpartien. Auch sonst war der Schlepper technisch auf dem neuesten Stand: Scheibenbremsen, hydraulische Lenkung, winterfeste Kabine.

Für den Brillant 700 A (mit ZF-Vorderachse) mussten damals DM 30600.– angelegt werden. Es war die letzte Neukonstruktion vor dem endgültigen Aus der Traktorenproduktion bei Hanomag im Jahre 1970.

Zu jener Zeit musste sich der Brillant zum Beispiel mit einem Schlüter 650 V messen lassen, mit einem John Deere 3020 (mit vier Zylindern) oder mit einem IHC 724 oder mit einem Deutz D 8005 bzw. 8006.

## Technische Daten Hanomag Brillant 700 A

| | | | |
|---|---|---|---|
| Motor | Hanomag-D-161-R-Viertakt-Diesel mit Wirbelkammer | Gewicht (kg) | 3820 |
| Zylinder | 6 | Getriebe/Gänge (V/R) | Hanomag 12/3 |
| Bohrung × Hub | 95 × 100 | L × B (mm) | 3990 × 2015 |
| Hubraum (cm³) | 4250 | Geschwindigkeit (km/h) | 27 |
| Leistung (kW/PS) | 50/68 | Baujahr/Prod.-Zeitraum | 1968 (1967 – 68) |
| Drehzahl (U/min) | 2600 (gedrosselt) | Besonderheiten | Allrad, Lenkradschaltung, Scheibenbremsen |
| Kühlung | Wasser | Stückzahlen | – |

Der oberschwäbische Traktorhersteller Hermann Lanz (Aulendorf), besser HELA, konnte schon Ende der zwanziger Jahre benzinbetriebene Grasmäher herstellen und verkaufen. In den folgenden Jahren wurden kleinere und mittlere Traktoren gebaut, zum Teil mit eigenen Motoren, zum Teil mit zugekauften MWM-Aggregaten. Die Getriebe kamen von der ZF. 1950 konnte man mit 1174 Maschinen in Deutschland so viele Traktoren absetzen wie Eicher. Ende der fünfziger Jahre holte die Absatzkrise auch HELA ein. Die Fertigung in diesen geringen Stückzahlen war zu teuer. Ein zweites Standbein mit Baggerladern entwickelte sich besser. Zwischendurch erhoffte HELA sich auch noch einen Impuls durch den Vertrieb von rumänischen UTB-Traktoren, leider erfolglos.

1978 kam endgültig das Aus. Die Baggerladerherstellung war ein Filetstück, das noch einige Zeit lang hin- und hergeschoben wurde, ehe es bei Zeppelin in Friedrichshafen aufging.

Stärkster Schleppertyp war der Allradschlepper D 260. Erst 1975, drei Jahre vor dem Aus der Schlepperproduktion, wurde er vorgestellt. Es war die letzte Aulendorfer Traktorenentwicklung. Obwohl es robuste, moderne und mit allem Notwendigen ausgestattete Traktoren waren (Vollsynchrongetriebe, Doppelkupplung, Allradantrieb), wurden nur 20 bis 25 davon hergestellt. Der gesamte Antriebsstrang zur Vorderachse und die Achse selbst ist ein Produkt der österreichischen Steyr-Werke. (5)

## Technische Daten HELA D 260 A

| Motor | MWM-Saugdiesel D 225-4 | Gewicht (kg) | 2720 |
|---|---|---|---|
| Zylinder | 4 | Getriebe/Gänge (V/R) | ZF 16/8 |
| Bohrung × Hub | 95 × 120 | L × B (mm) | 3600 × 1630 |
| Hubraum (cm³) | 3400 | Geschwindigkeit (km/h) | 30 |
| Leistung (kW/PS) | 60 | Baujahr/Prod.-Zeitraum | ab 1973 |
| Drehzahl (U/min) | 2300 | Besonderheiten | Doppelkupplung, Motor- und Wegezapfwelle |
| Kühlung | Wasser | Stückzahlen | 20 – 25 |

Ende der zwanziger Jahre baute der Schweizer Hans Hürlimann seinen ersten Traktor mit Benzinmotor. In der Folge entstanden neue Modelle. Wie auch bei den anderen Schweizer Herstellern blieben es meist Kleinserien.

Eine der wenigen Firmen, die heute noch am Markt aktiv sind, ist Hürlimann. Dieses Unternehmen konnte immer etwas mehr Traktoren verkaufen und auch exportieren als die anderen Schweizer Hersteller. Selbstverständlich für Schweizer Verhältnisse waren eine eigene Motoren- und Getriebeproduktion. Offiziell wurde erst ab 1962 nach Deutschland exportiert, allerdings mit bescheidenen Verkaufszahlen.

Einige Maschinen sind schon früher, besonders im grenznahen Raum, nach Deutschland gekommen.

Heute ist Hürlimann in der Same-Lamborghini-Hürlimann-Gruppe aufgegangen. Die Modellpalette wird immer noch getrennt präsentiert, ähnelt sich aber sehr, sonst wären ja durch den Zusammenschluss nicht die immer wieder zitierten „Synergieeffekte" zu verzeichnen gewesen. Aggregate werden natürlich untereinander ausgetauscht.

Der D 65 S ähnelt dem D 70, wobei der D 70 eine Doppelkupplung hat, der D 65 eine einfache. Beide wurden parallel gebaut und verkauft und erfreuten sich in der Schweiz großer Beliebtheit. (2)

**Technische Daten Hürlimann D 65**

| | | | |
|---|---|---|---|
| Motor | Hürlimann-Saugdiesel D 70 DS | Gewicht (kg) | 1525 |
| Zylinder | 4 | Getriebe/Gänge (V/R) | Hürlimann 7/1 (2 Kriechgänge) |
| Bohrung × Hub | 90 × 104 | L × B (mm) | 2880 × 1630 |
| Hubraum (cm³) | 2646 | Geschwindigkeit (km/h) | 20 |
| Leistung (kW/PS) | 33/45 | Baujahr/Prod.-Zeitraum | 1958 – 1966 |
| Drehzahl (U/min) | 2025 | Besonderheiten | – |
| Kühlung | Wasser | Stückzahlen | – |

Die International Harvester Company (IHC) entstand 1902 aus dem Zusammenschluss der beiden Landmaschinen-hersteller Deering und Mc Cormick, beide waren im Bereich Erntetechnik tätig.

Schon 1908 wurde in Neuss die deutsche Tochter ins Leben gerufen – IHC schätzte das Marktpotenzial Europas sehr hoch ein. In den Neusser Produktionsanlagen wurde u. a. die Typen F12, FG, DF 25, DGD zunächst teilweise nur montiert, später komplett gefertigt.

Schon 1955 hatte sich IHC einen beachtlichen neunten Platz in der Neuzulassungsstatistik erkämpft. Über 5000 Maschinen konnten erfolgreich verkauft werden.

Die erste Mc-Cormick-Baureihe war die D-Serie, die 1957 entstand. Die Bezeichnung „Farmall" wurde zugunsten des Namens des Landmaschinenkonstrukteurs Cyrus McCormick aufgegeben.

Neu bei dieser D-Serie war die Agriomatic: eine Kombination aus Doppelkupplung und Gruppenschaltung. Die Ackergruppe wurde mit einem Handhebel aktiviert, mit dem auch die Fahrkupplung ein- und ausgerückt wurde. Somit war auf dem Feld in der Ackergruppe auch ein fahrkupplungsunabhängiger Zapfwellenbetrieb möglich. Stärkster Typ dieser Serie war der D 439

**Technische Daten IHC D 439**

| Motor | Viertakt-Diesel IHC D 148 Wirbelkammer | Gewicht (kg) | 1950 |
|---|---|---|---|
| Zylinder | 4 | Getriebe/Gänge (V/R) | IHC 4/1 in 2 Gruppen |
| Bohrung × Hub | 87 × 102 | L × B (mm) | 2970 × 1680 |
| Hubraum (cm³) | 2434 | Geschwindigkeit (km/h) | 20 |
| Leistung (kW/PS) | 28/39 | Baujahr/Prod.-Zeitraum | ab 1962 |
| Drehzahl (U/min) | 2000 | Besonderheiten | Agriomatic |
| Kühlung | Wasser | Stückzahlen | – |

Schon Anfang der sechziger Jahre war IHC auf den zweiten Platz der Neuzulassungen aufgerückt, was über 11 % entsprach. Das Unternehmen schaffte es in jenen Jahren immer, rund 10000 neue Traktoren pro Jahr zu verkaufen.

Natürlich war IHC nicht untätig und erreichte diesen Marktanteil mit guten, leistungsfähigen Maschinen, die immer weiter entwickelt wurden. Nach der D-Reihe wurde 1965 die „Common Market Line" ins Leben gerufen. Das Äußere wurde kantiger gestaltet. Die IHC-Motoren arbeiteten nun als Direkteinspritzer, die Getriebe wurden überarbeitet und voll synchronisiert. Die Leistungen wurden nach oben geschraubt, die ganz starken Traktoren erhielten Lastschaltungen.

Mit dem 624, der übrigens im französischen Werk in St. Dizier hergestellt wurde, lag IHC in der oberen Mittelklasse. Damit war ein Vollerwerbsbetrieb hervorragend ausgerüstet. Selbstverständlich gab es auch eine Allradausführung. Der abgebildete Schlepper hat an die 10000 Betriebsstunden hinter sich gebracht. Die schweren Arbeiten hat ihm seit einiger Zeit ein 80-PS-Deutz abgenommen. Dank guter Pflege kann er in Spitzenzeiten immer noch Unterstützung leisten. Ansonsten ist er meist nur noch mit dem Blockschneider im Fahrsilo beschäftigt.

### Technische Daten IHC 624-S

| | | | |
|---|---|---|---|
| Motor | Viertakt-Diesel IHC D 206 Direkteinspritzer | Gewicht (kg) | 2500 |
| Zylinder | 4 | Getriebe/Gänge (V/R) | IHC 8/4 oder 12/4 Agriomatic |
| Bohrung × Hub | 98 × 111 | L × B (mm) | 3590 × 1680 |
| Hubraum (cm³) | 3347 | Geschwindigkeit (km/h) | 30 |
| Leistung (kW/PS) | 44/60 | Baujahr/Prod.-Zeitraum | ab 1965 |
| Drehzahl (U/min) | 2100 | Besonderheiten | Vollsynchrongetriebe, Regelhydraulik, Scheibenbremsen |
| Kühlung | Wasser | Stückzahlen | – |

IHC, heute CASE, belegt schon seit Jahren einen der vorderen drei Plätze in der Neuzulassungsstatistik. Mit zuverlässigen Traktoren und einem breit gefächerten Programm ließen sich viele Landwirte davon überzeugen, dass sie einen IHC oder Case kaufen müssten.

In der Tat gab es Maschinen von 40 bis 234 PS Leistung. Da war für jeden das richtige Fahrzeug dabei. Eine gewisse Rolle spielte auch die Tatsache, dass IHC mit dem Werk in Neuss als ein deutscher Hersteller betrachtet wurde, dem man sicher einen Vorteil bei der Beurteilung einräumte. Die großvolumigen Langhub-Motoren waren beliebt, die Getriebeabstufung reichte für viele Zwecke

aus, das Händlernetz war dicht geknüpft. Die Hydraulik wurde später oft durch einen zusätzlichen Zylinder unterstützt.

Der 1056 XL war eine Maschine für größere Betriebe. Ein 100-PS-Schlepper wollte schließlich ausgelastet sein. Diese Betriebe gibt es in Schleswig-Holstein, wo dieser 1056 aufgenommen wurde. 1999 stand er mit angebautem Bodenbearbeitungsgerät tagelang auf dem Feld und wartete auf Arbeit. Allzuviel gab es offensichtlich nicht mehr für ihn zu tun. Sein Äußeres ist auch schon etwas verblichen.

**Technische Daten IHC 1056 XL**

| | | | |
|---|---|---|---|
| Motor | IHC-D-358-Saugdiesel Direkteinspritzer | Gewicht (kg) | 4680 |
| Zylinder | 6 | Getriebe/Gänge (V/R) | IHC 16/8 |
| Bohrung × Hub | 98,4 × 128,5 | L × B (mm) | 4240 × 2290 |
| Hubraum (cm³) | 5867 | Geschwindigkeit (km/h) | 30 |
| Leistung (kW/PS) | 74/100 | Baujahr/Prod.-Zeitraum | 1971 – 1977 |
| Drehzahl (U/min) | 2100 | Besonderheiten | ZP-Vorderachse, (Zahnradfabrik Passau) |
| Kühlung | Wasser | Stückzahlen | – |

Es war auch nicht schwierig, die Modellpalette aufzufächern. Ein Dieselmotor kann ohne weiteres verschiedene Leistungsstufen umfassen. Zum einen reicht es völlig aus, die Einspritzmenge zu verändern, um mehr Leistung zu erzielen. Zum anderen kann auch die Drehzahl erhöht werden. Das geht ohne große Veränderungen in der Fertigung. Diese Steigerungen wirken sich natürlich ab einem gewissen Grad negativ auf die Lebensdauer eines Motors aus. Wobei ein schwächerer Motor, der dauernd an der Leistungsgrenze betrieben wird, keinesfalls länger hält als ein ab Werk „aufgedrehter", der nicht andauernd auf Volllast betrieben wird.

Außerdem steht für leistungssteigernde Maßnahmen noch die ganze Palette konstruktiver Veränderungen offen: Änderungen an Bohrung und Hub sowie Turbo-Aufladung und Ladeluftkühlung. Diese Leistungsänderungen sind nicht ohne große Investitionen und Veränderungen im Produktionsablauf machbar.
Im IHC 1246 arbeitet der 120 PS starke Motor DT 358, wobei das T für Turbolader steht. Der D 358 ohne Turbolader im IHC 1046 leistet bei 2100 Umdrehungen 20 PS weniger.
Unter anderem ist an der Bosch-Einspritzpumpe die Mengeneinstellung verändert worden.

## Technische Daten IHC 1246

| Motor | IHC-DT-358-Turbodiesel Direkteinspritzer | Gewicht (kg) | 5310 |
|---|---|---|---|
| Zylinder | 6 | Getriebe/Gänge (V/R) | IHC 16/8 |
| Bohrung × Hub | 98,4 × 128,5 | L × B (mm) | 4790 × 2120 |
| Hubraum (cm³) | 5867 | Geschwindigkeit (km/h) | 30 |
| Leistung (kW/PS) | 88/120 | Baujahr/Prod.-Zeitraum | 1973 |
| Drehzahl (U/min) | 2200 | Besonderheiten | derselbe Motor wie im 1046, ZP-Vorderachse |
| Kühlung | Wasser | Stückzahlen | – |

Die Zeit für einen Modellwechsel der XL-Serie aus dem Beginn der achtziger Jahre war reif. Die Änderungen waren behutsam eingeführt worden: Auch der neue 844 XL ist mit einem Saugmotor ausgerüstet, dessen Konstruktion ca. 15 Jahre alt ist. Es ist immer noch der langhubige D-628-Saugmotor. Die Vorderachse kommt von der Zahnradfabrik Passau und ist mit einem Selbstsperrdifferenzial ausgerüstet. Das Getriebe ist vollsynchronisiert, dem Trend der Zeit entsprechend musste die Höchstgeschwindigkeit auf 40 km/h angehoben werden. Die Zapfwelle kann mit 540 oder 1000 Umdrehungen pro Minute betrieben werden. Die Nutzlast ist mit 1830 kg eher be-

scheiden. Der Preis für den 844 XL lag 1990 bei rund DM 60000.–. Knapp 10 Jahre später mussten für den Nachfolger CS 94 rund DM 35000.– mehr angelegt werden. Dieser Schräghaubenschlepper bietet allerdings einiges mehr an Bedienungskomfort, Getriebeabstufung und Anbaumöglichkeiten.

Der abgebildete 844 hilft beim Transport von Grassilage ins Fahrsilo. Die Transportkette für den Lohnunternehmer im Selbstfahrhäcksler muss lückenlos funktionieren, sonst ist der enge Terminplan bei der Silofuttereinbringung gefährdet. Trotzdem muss oft bis tief in die Nacht gearbeitet werden.

## Technische Daten CASE 844 XL

| | | | |
|---|---|---|---|
| Motor | IHC-D-628-Saugdiesel Direkteinspritzer | Gewicht (kg) | 3970 |
| Zylinder | 4 | Getriebe/Gänge (V/R) | IHC 16/8 oder 8/4 |
| Bohrung × Hub | 100 × 140 | L × B (mm) | 3750 × 2050 |
| Hubraum (cm³) | 4389 | Geschwindigkeit (km/h) | 40 |
| Leistung (kW/PS) | 59/80 | Baujahr/Prod.-Zeitraum | Regelhydraulik „Sens-o-draulic" |
| Drehzahl (U/min) | 2300 | Besonderheiten | Selbstsperrdifferenzial vorne |
| Kühlung | Wasser | Stückzahlen | – |

1985 übernimmt der US-Konzern TENNECO die Landmaschinensparte von IHC und gliedert sie in die J. I. CASE ein. Eine Weile werden IHC- und CASE-Traktoren parallel verkauft. Aber nach einiger Zeit, zusammen mit einer Überarbeitung der Hauben und Kabinen, wird das helle IHC-Rot durch das dunklere CASE-Rot ersetzt und die Traktoren werden nur noch unter der neuen Firmenbezeichnung geführt.

Ein Modellwechsel ist auch überfällig, die alten XL-Modelle sind nicht mehr auf dem neuesten technischen Stand, sie wurden ja auch vor 15 Jahren entwickelt. Der Wendekreis liegt über dem der Konkurrenz, die 12 l Motorenöl sind in der Klasse mit Abstand der geringste Wert, 1080 kg Nutzlast sind wenig, wenn schwere Anbaugeräte zur Verfügung stehen. Immerhin steht auf Wunsch eine Turbokupplung zur Verfügung (die gibt es bei Fendt schon seit 20 Jahren). Bei dieser Kupplung wird der Kraftschluss wie bei einem Wandlergetriebe nur über das Öl hergestellt.

Case hat aber bereits reagiert und mit den Magnum- und Maxum-Traktoren moderne Nachfolger parat.

## Technische Daten CASE 1455 XL

| | | | |
|---|---|---|---|
| Motor | IHC-Turbodiesel | Gewicht (kg) | 6420 |
| Zylinder | 6 | Getriebe/Gänge (V/R) | IHC 20/9 vollsynchronisiert |
| Bohrung × Hub | 100 × 129 | L × B (mm) | 4740 × 2490 |
| Hubraum (cm³) | 6586 | Geschwindigkeit (km/h) | 40 |
| Leistung (kW/PS) | 107/145 | Baujahr/Prod.-Zeitraum | 1992 |
| Drehzahl (U/min) | 2200 | Besonderheiten | Turbokupplung |
| Kühlung | Wasser | Stückzahlen | – |

1996 übernahm CASE den österreichischen Traktorenbauer Steyr. Steyr hat eine lange Tradition im Bau von Traktoren – seit 1928. Für den heutigen Wettbewerb war der Produktbereich des Unternehmens aber zu klein, deshalb musste man sich auf Partnersuche begeben.

Im selben Jahr wurde die CS-Reihe herausgebracht. Die Freisicht-Traktoren mit vorne abgeflachter Haube bieten eine gute Sicht auf vorne angebaute Geräte. Deshalb werden sie gerne als Pflegeschlepper mit Fronthydraulik und Frontzapfwelle beschafft, insbesondere der kurze und wendige Vierzylinder.

Die CS-Traktoren gibt es in weißer Lackierung auch als Steyr. Der Leistungsbereich von 58 bis 130 PS wird abgedeckt, wobei der kleinste Typ auch ohne Allradantrieb geliefert werden kann. Die Motoren kommen vom finnischen Hersteller SISU. In diesem Konzern ist auch der finnische Traktorenbauer Valmet eingegliedert.

Als Option kann ein ergonomisch günstig angeordneter Multifunktionshebel rechts an der Seitenkonsole gewählt werden. Dort können verschiedene Funktionen der Hydraulik sowie der Fahrtrichtungswechsel ausgeführt werden. Die Gerätebetätigung am Heck von außen ist mittlerweile längst Stand der Technik Der stärkste Typ, der CS 130, hat mit dem Vierscharpflug mit angehängtem Packer sicher keine Probleme, zumal die Bedingungen optimal sind. Über 30 PS pro Schar sollten ausreichend sein. (12)

## Technische Daten CASE CS 130

| | | | |
|---|---|---|---|
| Motor | Valmet-Sisu-Turbodiesel 620.82 | Gewicht (kg) | 5265 |
| Zylinder | 6 | Getriebe/Gänge (V/R) | Steyr-24/24-Vierfach-Lastschaltung |
| Bohrung × Hub | 108 × 120 | L × B (mm) | 4770 × 2500 |
| Hubraum (cm³) | 6600 | Geschwindigkeit (km/h) | 40 |
| Leistung (kW/PS) | 96/130 | Baujahr/Prod.-Zeitraum | 1998 |
| Drehzahl (U/min) | 2100 | Besonderheiten | identisch mit Steyr-Typ, Steyr-Antriebsstrang |
| Kühlung | Wasser | Stückzahlen | – |

Die Zusammenarbeit mit Steyr hatte einige Konsequenzen. Augenfällig war, dass identische Traktoren in Case-Rot und Steyr-Rot-Weiß zu kaufen waren. Technisch war es das neue stufenlose Getriebe.

Der Case CVX entspricht dem Steyr CVT. Er ist mit EHR mit automatischer Schwingungstilgung ausgestattet. Somit ist der CVX 170 ein ideales Zugfahrzeug für den Fünfscharpflug. Der 300-I-Tank sichert einen großen Aktionsradius. Zur Schmierung und Kühlung von Motor und Getriebe sind 20 l Motoröl und 70 l Getriebeöl vorhanden, die Hydraulik wird mit 50 l separat bedient.

Die Lenkung wird hydrostatisch in Abhängigkeit von der Belastung (Load Sensing) unterstützt, die Kabine entspricht den allerneuesten OECD-Anforderungen.

Die CVX-Baureihe umfasst Traktoren von 120 bis 170 PS. Der 120-PS-Typ ist noch mit dem 16/12-Getriebe ausgestattet, die anderen, leistungsstärkeren Ausführungen mit dem stufenlosen Getriebe. Auf Wunsch können die Maschinen mit einer gebremsten Vorderachse und einer Motorbremse ausgerüstet werden.

Auch hier findet der finnische SISU-Dieselmotor Verwendung. (12)

## Technische Daten CASE CVX 170 A

| Motor | Valmet-Sisu-Turbodiesel | Gewicht (kg) | 6500 |
|---|---|---|---|
| Zylinder | 6 | Getriebe/Gänge (V/R) | stufenlos |
| Bohrung × Hub | 108 × 120 | L × B (mm) | 4770 × 2500 |
| Hubraum (cm³) | 6600 | Geschwindigkeit (km/h) | 40/50 |
| Leistung (kW/PS) | 121/165 | Baujahr/Prod.-Zeitraum | 2000 |
| Drehzahl (U/min) | 2300 | Besonderheiten | identisch mit Steyr-Typ, Steyr-Antriebsstrang |
| Kühlung | Wasser | Stückzahlen | – |

Die MX-Magnum-Baureihe stellt die „Königsklasse" bei Case dar. Sie umfasst Maschinen von 182 bis 279 PS Leistung.

Die modernen Turbomotoren sind mit Ladeluftkühlung, elektronischer Einspritzung und Vierventiltechnik ausgestattet. Die Waste-Gate-Technik leitet überschüssige Luft aus dem Abgasturbolader ins Freie.

Die Achsen sind auf Zwillingsbereifung ausgelegt. Mit der Power-Shuttle-Einrichtung kann die Fahrtrichtung ohne kuppeln nur durch Betätigung eines kleinen Hebels am Lenkrad geändert werden.

Die Hydraulik kann mehrere Geräte bedienen, bis zu fünf Zusatzsteuergeräte können angeschlossen werden. Die Hydraulik hebt hinten 11 Tonnen, damit können alle Gerätekombinationen an der Dreipunktaufhängung problemlos mitgeführt werden. Trotz der Ausmaße liegt der Wendekreis mit 9,8 m in einem sehr günstigen Bereich.

Mittlerweile sind auch luftgefederte Sitze ab Werk eine Selbstverständlichkeit. In der Armlehne sind alle wichtigen Bedienungselemente zusammengefaßt und leicht zu erreichen. Damit und mit einem 600-l-Tank sind einem Dauereinsatz kaum noch Grenzen gesetzt, höchstens durch einen irgendwann doch ermüdeten Fahrer.

Alles hat natürlich seinen Preis. Schnell sind DM 250000.– zusammengekommen, wenn ein Landwirt einen MX-Magnum 270 kaufen möchte. (12)

## Technische Daten CASE MX 270 Magnum

| Motor | IHC-Turbodiesel mit Ladeluftkühlung | Gewicht (kg) | 9600 |
|---|---|---|---|
| Zylinder | 6 | Getriebe/Gänge (V/R) | Case 24/6 voll lastschaltbar Power-Shuttle |
| Bohrung × Hub | 114 × 135 | L × B (mm) | 40/50 |
| Hubraum (cm³) | 8300 | Geschwindigkeit (km/h) | 40 oder 50 |
| Leistung (kW/PS) | 205/279 | Baujahr/Prod.-Zeitraum | 2000 |
| Drehzahl (U/min) | 2000 | Besonderheiten | Waste-Gate-Aufladung |
| Kühlung | Wasser | Stückzahlen | – |

Das Nonplusultra für sehr große Betriebe und technikbegeisterte Landwirte ist ein Großtraktor mit Knicklenkung. Amerikanische und sowjetische Hersteller haben diese Maschinen hervorgebracht, teilweise aus Anwendungen heraus, die zunächst nichts mit Landwirtschaft zu tun hatten. In den Großbetrieben der ehemaligen DDR liefen Kirowetz- und Charkow-Knicklenker, die für die sowjetischen Kolchosbetriebe entwickelt worden waren, in den USA hatte fast jeder renommierte Hersteller einen solchen Traktor im Programm: John Deere, Ford, Big Bud.

Die Motoren der amerikanischen Knicklenker kommen meist von Cummins, die Getriebe sind relativ einfach aufgebaut. Die Nutzlast von 2200 kg bzw. Hubkraft an der Heckhydraulik ist eher bescheiden: solche Maschinen kommen fast ausschließlich mit gezogenen Geräten zum Einsatz. Es wird auch nur eine Zapfwelle mit 1000 Umdrehungen pro Minute eingebaut.

Für den Steiger-IHC-Quadtrac müssen fast DM 300000.– angelegt werden. Er hat noch den Vorteil, dass er nicht mit Reifen ausgerüstet ist, sondern mit vier unabhängig voneinander arbeitenden Raupensystemen. Er überträgt die Zugkraft bei weniger Bodendruck und -beschädigung noch besser. Ohnehin werden diese Maschinen auf Flächen eingesetzt, auf denen Wenden auf dem Vorgewende unnötig ist: es wird rund gefahren.

Gigantisch ist dann auch der Tank mit 946 l Inhalt. (12)

## Technische Daten Steiger CASE Quadtrac

| | | | |
|---|---|---|---|
| Motor | Cummins-Turbodiesel mit Ladeluftkühlung | Gewicht (kg) | 20300 |
| Zylinder | 6 | Getriebe/Gänge (V/R) | 12/3-Power-Shift voll lastschaltbar |
| Bohrung × Hub | 140 × 152 | L × B (mm) | 5940 × 3040 |
| Hubraum (cm³) | 14000 | Geschwindigkeit (km/h) | 30 |
| Leistung (kW/PS) | 231/310 | Baujahr/Prod.-Zeitraum | 2000 |
| Drehzahl (U/min) | 2100 | Besonderheiten | Gummiraupen, Knicklenkung |
| Kühlung | Wasser | Stückzahlen | – |

Die Ursprünge dieses Unternehmens gehen auf 1945 zurück. Der Engländer Joseph Cyril baute landwirtschaftliche Geräte, Anhänger, Frontlader. Zunächst expandierte das Unternehmen erfolgreich mit Baumaschinen, Bagger- und Radladern etc. Mitte der achtziger Jahre – in Deutschland gab es schon seit zehn Jahren Trac-Schlepper zu kaufen – wurde die Idee des Systemschleppers in die Tat umgesetzt. 1987 gab es die ersten Prototypen, und 1991 begann die Serienfertigung. Dies geschah zu einer Zeit, als Deutz und Daimler-Benz die zunächst getrennt aufgenommene Produktion der Tracs, die in einer gemeinsamen Vertriebsgesellschaft weitergeführt werden sollte, wieder aufgaben. Fendt stellte zur gleichen Zeit den Geräteträger Xylon vor. Ende der neunziger Jahre bot Claas den vergleichbaren Typ Xerion an.

Im JCB sind die Grundprinzipien des Systemschleppers konsequent umgesetzt: Allradantrieb, drei Anbauräume, gleich große Räder (dazu noch mit Allradlenkung ausgestattet). Zunächst wurden Perkins-Aggregate eingebaut, die Getriebe kommen aus eigener Fertigung, wurden aber zusammen mit Eaton entwickelt. (18)

## Technische Daten JCB Fastrac 2135

| | | | |
|---|---|---|---|
| Motor | Perkins-Turbodiesel 1006-6t HR5 | Gewicht (kg) | 6000 |
| Zylinder | 6 | Getriebe/Gänge (V/R) | Eaton/JCB 54/18 dreifach Lastschaltung |
| Bohrung × Hub | 100 × 127 | L × B (mm) | 5080 × 2310 |
| Hubraum (cm³) | 5985 | Geschwindigkeit (km/h) | 50 |
| Leistung (kW/PS) | 95/128 | Baujahr/Prod.-Zeitraum | 2000 |
| Drehzahl (U/min) | 2300 | Besonderheiten | Allradlenkung, Rahmenbauweise |
| Kühlung | Wasser | Stückzahlen | – |

JCB setzte von Anfang an auf möglichst hohe Endgeschwindigkeiten: 50 bzw. 65 km/h, die neuesten Modelle 80 km/h. Diese können dann die Autobahn befahren und sind vor dem Gesetzgeber Lastkraftwagen. In diesen Fällen sind dann besondere Reifen und zugelassene Anhänger gefordert. Damit entspricht der JCB von den Fahrleistungen her gesehen dem Unimog.

Im stärksten Modell 3185 ist ein Cummins-Diesel eingebaut. Das Getriebe mit Dreifach-Lastschaltung und die gefederten Außenplanetenachsen kommen von JCB selbst. Die Nutzlast beträgt 3200 kg, Scheibenbremsen,

Federspeicher-Feststellbemse, Front- und Heckhydraulik mit Zapfwellen und eine echte Zweimannkabine sind weitere Ausstattungsdetails. Die Heckhydraulik ist am Achskörper befestigt, sodass das Fahrzeug beim Anheben von Geräten nicht in die Federn eintauchen kann. Ein 280-l-Tank sichert einen ordentlichen Aktionsradius. Mit Allrad- und Hundeganglenkung ergibt sich eine hervorragende Wendigkeit bei geringstmöglicher Bodenschädigung. Diese Lenkung ist natürlich der technisch interessanteste Aspekt an diesem Fahrzeug und mit ein Grund, weshalb das Topmodell bei knapp DM 200000.– liegt. (18)

## Technische Daten JCB Fasttrac 3185

| | | | |
|---|---|---|---|
| Motor | Cummins-6-BTA-Turbodiesel mit Ladeluftkühlung | Gewicht (kg) | 6500 |
| Zylinder | 6 | Getriebe/Gänge (V/R) | Eaton/JCB 54/18 dreifach Lastschaltung |
| Bohrung × Hub | 102 × 120 | L × B (mm) | 5150 × 2535 |
| Hubraum (cm³) | 5883 | Geschwindigkeit (km/h) | 65/80 |
| Leistung (kW/PS) | 138/188 | Baujahr/Prod.-Zeitraum | 2000 |
| Drehzahl (U/min) | 2400 | Besonderheiten | Allradlenkung, „autobahntauglich", Waste-Gate-Aufladung, Rahmenbauweise |
| Kühlung | Wasser | Stückzahlen | – |

Die Firma John Deere ist in zweifacher Hinsicht eine sehr interessante Firma, was den Traktorenbau anbelangt: Zum einen ist John Deere in den USA ein erfolgreiches Unternehmen in der Landtechnik, und das schon seit 1837. Bis heute ist das so geblieben.

Zum anderen hat John Deere 1956 die Mehrheit der äußerst renommierten Heinrich Lanz AG übernommen, des Landmaschinen- und Traktorenherstellers Deutschlands schlechthin.

Bis 1918 dominierte bei John Deere die Pflug- und Erntemaschinenherstellung. Der Firmengründer machte das Unternehmen groß, ohne mit Traktoren so richtig in Berührung gekommen zu sein.

Ab den zwanziger Jahren entstanden aber die ersten, typisch amerikanischen Konstruktionen mit Vergasermotoren und Doppelrädern vorne.

Nach der Übernahme der Heinrich Lanz AG musste John Deere schnell die in Deutschland entstandene Marktlücke schließen. Lanz hatte zu lange am Einzylinder-Zweitakt-Diesel festgehalten, zuletzt aber doch an mehrzylindrigen Motoren gearbeitet.

Schon Anfang der sechziger Jahre standen mit den 300er- und 500er-Typen moderne John-Deere-Lanz-Traktoren zur Verfügung.

Etwas später kam der Typ 710 mit einem 50 PS starken Vierzylindermotor. Heute darf der neu für DM 18200.– gekaufte 710 mit dem Frontlader noch Pferdeboxen ausmisten.

## Technische Daten John Deere 710

| Motor | John-Deere-Saugdiesel, Direkteinspritzer | Gewicht (kg) | 2295 |
|---|---|---|---|
| Zylinder | 4 | Getriebe/Gänge (V/R) | John Deere 10/3 |
| Bohrung × Hub | 98 × 110 | L × B (mm) | 3530 × 1540 |
| Hubraum (cm³) | 3320 | Geschwindigkeit (km/h) | 20/27 |
| Leistung (kW/PS) | 37/50 | Baujahr/Prod.-Zeitraum | 1965 – 1967 |
| Drehzahl (U/min) | 2400 | Besonderheiten | Direkteinspritzer |
| Kühlung | Wasser | Stückzahlen | – |

Die 30er-Serie wurde 1972 der Öffentlichkeit vorgestellt. John Deere arbeitet sich bei den Neuzulassungen in Deutschland vom siebten auf den fünften Rang vor. Stark 4000 Einheiten bzw. knapp 5000 im Jahr 1975 entsprachen 5 und später 7,7 % Anteil.

Die Motoren waren modernisiert worden, die Zapfwelle hatte eine separate Kupplung, und die Hydraulik wurde mit Magnetschaltern bedient.

Die stärksten John-Deere-Modelle kamen übrigens einige Zeit lang aus den USA und wurden in Mannheim montiert und den europäischen Bestimmungen angepasst (Blinker, Beleuchtung, Handbremse).

John Deere wollte sich natürlich weiterhin einen guten Platz bei den Verkaufszahlen sichern. Modellvielfalt hieß

die Devise, man wollte jedem landwirtschaftlichen Betrieb den optimalen Schlepper bieten.

Der 3130 war ein Traktor der oberen Leistungsklasse. Wenige Hersteller konnten gleichziehen: Schlüter bot vergleichbare Sechszylinder-Traktoren an, Mercedes-Benz den Sechszylinder-Unimog, Massey-Ferguson kam zwei Jahre später mit dem MF 1200 Allrad, Fendt hatte den Favorit 4 S mit 90 PS, Deutz den D 8005.

Der 3130 hatte nasse Scheibenbremsen, eine hydropneumatische Lastschaltung (sie bot 27 % Zugkrafterhöhung), die ohne zu kuppeln unter Last betätigt werden konnte (LS-HILO-Getriebe). Es war der am stärksten motorisierte Traktor der 30er-Serie und konnte wenig später mit der neuen F.S.C.-Sicherheitskabine ausgerüstet werden.

## Technische Daten John Deere 3130

| | | | |
|---|---|---|---|
| Motor | John-Deere-Saugdiesel 6329 DL 11, Direkteinspritzer | Gewicht (kg) | 3900 |
| Zylinder | 6 | Getriebe/Gänge (V/R) | John Deere LS-HILO 8/4 oder 12/6 |
| Bohrung × Hub | 102 × 110 | L × B (mm) | 4000 × 2060 |
| Hubraum (cm³) | 5390 | Geschwindigkeit (km/h) | 25/30 |
| Leistung (kW/PS) | 65/89 | Baujahr/Prod.-Zeitraum | 1972 – 1979 |
| Drehzahl (U/min) | 2500 | Besonderheiten | eine Lastschaltstufe |
| Kühlung | Wasser | Stückzahlen | – |

Die leistungsschwächeren Traktoren der 30er-Serie wurden ebenfalls 1979 vorgestellt und bis 1979 produziert. In dieser Zeit lief in Mannheim der 600000. Traktor vom Band.

1980 hatte sich John Deere in Deutschland auf den vierten Platz in der Neuzulassungsstatistik vorgeschoben. Bei insgesamt 45477 Neuzulassungen stellten die 3813 John-Deere-Schlepper einen Anteil von 8,4 % dar.

Die Plätze eins bis drei waren IHC, Deutz und Fendt vorbehalten, auf Deere folgten Daimler-Benz (mit Unimog und MB-Trac!) und dann Massey-Ferguson.

Der 930er war ein typischer Mittelklasse-Schlepper, so wie ihn viele andere Hersteller auch anboten. Entsprechend war die Konkurrenzsituation. Zwei Jahre nach der

Premiere war er auch mit Kabine lieferbar und kostete damals um DM 15000.–. Neu waren die Heckzapfwelle mit Doppelkupplung (mit 540 Umdrehungen pro Minute), die nassen Scheibenbremsen und die Frontzapfwelle mit 1000 Umdrehungen pro Minute.

In der 30er-Serie wurden auch rein amerikanische Konstruktionen verkauft, wie der 145 PS starke 4430-Hinterradschlepper, der auch mit einem hydrostatischen Allradantrieb ausgerüstet werden konnte. Technische Spitzenklasse in dieser Baureihe war der 1976 vorgestellte 4230 mit 118 PS, Allradantrieb und auf Wunsch Fronthydraulik. Der abgebildete 930 wird bei Arbeitsspitzen, z. B. in der Getreideernte, noch eingesetzt. Ansonsten ist er mit dem Hubstapler am Frontanbau für Spezialaufgaben vorgesehen.

## Technische Daten John Deere 930

| Motor | John-Deere-Saugdiesel 3164 DL 15, Direkteinspritzer | Gewicht (kg) | 2250 |
|---|---|---|---|
| Zylinder | 3 | Getriebe/Gänge (V/R) | John Deere 8/4 |
| Bohrung × Hub | 102 × 110 | L × B (mm) | 3340 × 1675 |
| Hubraum (cm³) | 2695 | Geschwindigkeit (km/h) | 25 |
| Leistung (kW/PS) | 30/41 | Baujahr/Prod.-Zeitraum | 1974 – 1979 |
| Drehzahl (U/min) | 2400 | Besonderheiten | Hubstapler am Frontanbau |
| Kühlung | Wasser | Stückzahlen | – |

Machen wir einen Sprung in die 1986 vorgestellte 50er-Serie. Sie umfasste Traktoren von 38 bis 116 PS Leistung, die bis 1994 gebaut wurden. Auch hier kamen die leistungsstärksten Modelle aus den USA und wurden in Mannheim fertig montiert und an die hiesigen Bestimmungen angepasst (Beleuchtung, Kotflügel, Bremsen). Zu erkennen sind diese Modelle an den hinteren Achsstummeln, die für Verstellbetrieb ausgerüstet sind. In Europa wird dies nicht praktiziert. Wenn überhaupt Änderungen an der Spur notwendig sind, werden Pflege- oder Zwillingsreifen aufgezogen.

Mitte der achtziger Jahre war John Deere mit 3134 neu zugelassenen Einheiten in der Bundesrepublik auf dem vierten Platz in der Statistik geblieben. Die Anzahl der insgesamt in Deutschland zugelassenen Traktoren war kontinuierlich gesunken und hatte sich im Vergleich zu 1970 halbiert!

1983 hatte John Deere den 700000. in Mannheim gebauten Traktor ausliefern können.

Die durchzugsstarken Sechszylinder-Constant-Power-Motoren boten eine bessere Leistungscharakteristik. Zusammen mit durchgängig lastschaltbaren Getrieben, stärkerer Hydraulik, 3561 kg Nutzlast und der komfortablen SG-2-Kabine bot John Deere attraktive Ausstattungsdetails, mit denen heftig um neue Kunden geworben wurde.

Für diesen 4050 Allrad mussten ca. DM 110000.– angelegt werden, was sich auch nicht jeder Landwirt leisten konnte.

## Technische Daten John Deere 4050

| | | | |
|---|---|---|---|
| Motor | John-Deere-Turbodiesel | Gewicht (kg) | 6439 |
| Zylinder | 6 | Getriebe/Gänge (V/R) | John Deere 15/4 |
| Bohrung × Hub | 116 × 120,6 | L × B (mm) | 4860 × 2490 |
| Hubraum (cm³) | 7636 | Geschwindigkeit (km/h) | 30 |
| Leistung (kW/PS) | 94/128 | Baujahr/Prod.-Zeitraum | 1989 |
| Drehzahl (U/min) | 2200 | Besonderheiten | 15-stufige Lastschaltung |
| Kühlung | Wasser | Stückzahlen | – |

Die 50er-Serie wurde weiterentwickelt und bis 1994 gebaut. Auch der 4755 A kam aus den USA. Er war ein typischer Großtraktor mit über 4 t Nutzlast. Der Motor wurde mit Hilfe von Turbolader und Ladeluftkühlung auf 190 PS Leistung gebracht. Der Traktor kostete rund DM 150000.–! Auch Anfang der neunziger Jahre war dies ein stolzer Preis.

Der Motor ist mit 21 l Motoröl gefüllt, für Getriebe und Hydraulik stehen 75 l Öl zur Verfügung. Die Zapfwelle kann nur mit 1000 Umdrehungen pro Minute betrieben werden. Alle Gänge sind lastschaltbar ausgeführt.

Mittlerweile bot fast jeder Hersteller Traktoren mit ähnlicher Leistung an, egal ob „Große" wie Schlüter oder eher kleinere Firmen wie Same, Lamborghini, Hürlimann, und sogar Ostblockhersteller wie Zetor.

Alle hatten auch den Markt in den neuen Bundesländern im Visier, wo die großen Schläge solche Traktoren brauchten.

Dieser 4755 wurde in Schleswig-Holstein aufgenommen. Auch dort sind die Felder entsprechend groß. Mit aufgesattelten oder angehängten Bodenbearbeitungsgeräten zum Stoppelumbruch ist der „Jonny" das ideale Fahrzeug, der Besitzer lobte ihn in den höchsten Tönen.

## Technische Daten John Deere 4755

| Motor | John-Deere-Turbodiesel mit Ladeluftkühlung | Gewicht (kg) | 7819 |
|---|---|---|---|
| Zylinder | 6 | Getriebe/Gänge (V/R) | John Deere 15/4 |
| Bohrung × Hub | 116 × 120,6 | L × B (mm) | 4860 × 2450 |
| Hubraum (cm³) | 7636 | Geschwindigkeit (km/h) | 30 oder 40 |
| Leistung (kW/PS) | 140/190 | Baujahr/Prod.-Zeitraum | 1989 |
| Drehzahl (U/min) | 2200 | Besonderheiten | 15-stufige Lastschaltung, 4 t Nutzlast |
| Kühlung | Wasser | Stückzahlen | – |

1992 wurde die 6000er-Serie eingeführt und 1997 stark überarbeitet. Die 6000er-Serie war durch die Vierfach-Lastschaltung bekannt geworden. Die Traktoren 6010 ff werden mit Leistungen von 80 bis 135 PS angeboten und zeichnen sich durch folgende Ausstattungsdetails aus:

- Power-Quad-Getriebe mit automatischer Ganganpassung, ab 1998 steht ein voll lastschaltbares Power-Shift-Getriebe zur Verfügung, das nur noch einen Schalthebel erfordert.
- EHR (elektrohydraulische Unterlenkerregelung) mit Schwingungstilgung, Zapfwellenbedienung vom Fahrzeugheck aus,
- moderne Tech-Center-Kabine.

Fast alle Bedienungselemente sind ergonomisch günstig rechts angeordnet.
Für Front- und Heckanbau von Geräten sind die entsprechenden Kraftheber und Zapfwellenanschlüsse vorhanden. Mittlerweile ist man von der Blockbauweise wieder etwas abgekommen und entlastet tragende Motor- und Getriebegehäuse mit einem Halbrahmen. Daran lassen sich problemlos Frontkraftheber und Frontlader befestigen.
Die selbst hergestellte Allradvorderachse TLS ist gefedert. Die notwendige Verzögerung wird mit ölgekühlten hydraulischen Scheibenbremsen erreicht.

## Technische Daten John Deere 6910

| Motor | John-Deere-Turbodiesel | Gewicht (kg) | 5389 |
|---|---|---|---|
| Zylinder | 6 | Getriebe/Gänge (V/R) | John Deere 16/16 oder 20/20 |
| Bohrung × Hub | 6788 | L × B (mm) | 4563 × 2362 |
| Hubraum (cm³) | 106,5 × 127 | Geschwindigkeit (km/h) | 30 oder 40 |
| Leistung (kW/PS) | 99/135 | Baujahr/Prod.-Zeitraum | ab 1997 |
| Drehzahl (U/min) | 2100 | Besonderheiten | Rahmenbauweise, Front- und Heckzapfwelle |
| Kühlung | Wasser | Stückzahlen | 6000er-Baureihe bis Mitte 1999: über 15000 |

Am 28. 4. 1960 wurde in Mannheim der erste John Deere „made in Germany" vorgestellt.

1999 liegt John Deere in Deutschland an zweiter Stelle der Neuzulassungen mit 5685 Einheiten nach Fendt und vor Case-Steyr.

Die landwirtschaftlichen Betriebe werden immer größer, da immer mehr Landwirte aufgeben. Deshalb werden auch immer größere, schlagkräftigere Traktoren und Geräte verlangt.

Ein solcher Großtraktor ist der Typ 8200. Sein zulässiges Gesamtgewicht liegt bei 14000 kg, bei einer Nutzlast von 4710 kg. Damit lassen sich selbst größte Anbaugeräte problemlos aufsatteln und betätigen – der Getriebe-/Hydraulikölvorrat von 118 Litern ist ausreichend dimensioniert. Der Turbomotor mit Ladeluftkühlung stellt mit 211 PS genügend Leistung zur Verfügung, das voll lastschaltbare Power-Shift-Getriebe (mit Mehrscheibenkupplung) ist genügend abgestuft.

Der abgebildete Traktor zieht eine Bodenbearbeitungskombination zur Stoppelbearbeitung. Geräte mit solchen Arbeitsbreiten werden heutzutage gezogen, nicht mehr aufgesattelt, trotz einer Heckhubkraft von 8,5 t. Vorne hebt die Hydraulik 6,5 t.

Der 8200 ist auch als Raupenschlepper 8200 T zu haben. Der Radschlepper liegt bei etwas mehr als DM 190000.–, der Raupenschlepper bei über DM 250000.–.

## Technische Daten John Deere 8200

| Motor | John-Deere-Turbodiesel 6081 TL, Ladeluftkühlung | Gewicht (kg) | 8290 |
|---|---|---|---|
| Zylinder | 6 | Getriebe/Gänge (V/R) | John-Deere-Power-Shift 16/5 lastschaltbar |
| Bohrung × Hub | 116 × 128,5 | L × B (mm) | 5246 × 2438 |
| Hubraum (cm³) | 8134 | Geschwindigkeit (km/h) | 40 |
| Leistung (kW/PS) | 155/211 | Baujahr/Prod.-Zeitraum | 1998 |
| Drehzahl (U/min) | 2200 | Besonderheiten | Ladeluftkühlung, EHR |
| Kühlung | Wasser | Stückzahlen | – |

Die spektakulärsten Traktoren sind sicher die Knicklenker. In der Landwirtschaft der USA gibt es sie schon seit längerem, jeder größere Hersteller hat einen im Programm, selbstverständlich auch John Deere, aber auch Case und Ford. Auch in Südafrika sind sie verbreitet.

In der ehemaligen Sowjetunion haben die Knicklenker die dort in der Landwirtschaft üblichen Kettenschlepper abgelöst. Charkow- oder Kirowetz-Taktoren sind bis in die LPG der ehemaligen DDR vorgedrungen und haben sie in Europa „salonfähig" gemacht.

Der Vorteil der Knicklenker ist die größere Wendigkeit (Wendekreis von 9,8 m), beim Lenkeinschlag tritt auch weniger bodenschädigender Schlupf auf. Die Motoren leisten über 300 PS und mehr, die Getriebe sind mäßig abgestuft, Straßenfahrten sind nicht vorgesehen. Gefahren wird meist mit Handgas, rund um die Uhr, so sind Tankfüllungen von 1000 l Diesel keine Seltenheit. Entsprechend viel Wert wird auf Komfort in der Kabine gelegt.

Obwohl eine kräftige Heckhydraulik vorhanden ist, werden die großen Geräte, die zum Knicklenker passen, meist gezogen. Auch der Zwölfschar-Pflug stützt sich auf ein eigenes Fahrwerk ab.

Alles hat natürlich seinen Preis: der 9400 T ist ab DM 400000.– zu haben.

## Technische Daten John Deere 9400

| Motor | John-Deere-PowerTech-Turbodiesel, Ladeluftkühlung | Gewicht (kg) | 17070 |
|---|---|---|---|
| Zylinder | 6 | Getriebe/Gänge (V/R) | John Deere 22/6 vollsynchronisiert, eine Lastschaltstufe |
| Bohrung × Hub | ? | L × B (mm) | 6960 × 3010 |
| Hubraum (cm³) | 12500 | Geschwindigkeit (km/h) | 30 |
| Leistung (kW/PS) | 313/425 | Baujahr/Prod.-Zeitraum | 2000 |
| Drehzahl (U/min) | 2100 | Besonderheiten | Knicklenkung, Tempomat-Funktion, luftgefederter Sitz |
| Kühlung | Wasser | Stückzahlen | – |

Schon in den dreißiger Jahren wurden in den Leningrader Kirow-Werken Traktoren gebaut. Die Produktionszahlen waren beträchtlich. Nach dem Zweiten Weltkrieg lief die Produktion nur langsam wieder an. Zugmaschinen aller Art wurden hergestellt und gaben eine gute Konstruktionsbasis ab für diese Großtraktoren, die auf den agroindustriellen Komplexen des Sowjetreiches durchaus ihre Berechtigung hatten. Früh schon waren dort Knicklenkung und Lastschaltgetriebe Stand der Technik. In Westeuropa wurden solche Dinge erst viel später in Angriff genommen.

In der Landwirtschaft der DDR liefen viele Kirowetz-Schlepper und konnten sich auf den großen LPG gut bewähren. Nach der Wiedervereinigung haben sie ihren Platz auf den großen Schlägen in den neuen Bundesländern behalten. Amerikanische Hersteller liefern mittlerweile zwar auch Knicklenker nach Europa (John Deere den 9400 T, Case den Quadtrac), aber hinsichtlich Verkaufspreis und Robustheit sind die Kirowetz-Knicklenker immer noch unschlagbar. In Deutschland hatte sich mit der Firma Horsch, einem Hersteller von Spezialmaschinen für die Landwirtschaft, eine Zeit lang auch ein kompetenter Partner gefunden, der dafür sorgte, dass der Kirowetz moderne Ausstattungsdetails erhielt.

## Technische Daten KIROWETZ K 700 A

| Motor | Viertakt-Turbodiesel JaMS 238 NB (Jaroslaw-Diesel) | Gewicht (kg) | 12810 |
|---|---|---|---|
| Zylinder | 8 (V-Motor) | Getriebe/Gänge (V/R) | 16/8 (4 Gruppen, 4 Lastschaltstufen) |
| Bohrung × Hub | 130 × 140 | L × B (mm) | 7400 × 2880 |
| Hubraum (cm³) | 14860 | Geschwindigkeit (km/h) | 25 |
| Leistung (kW/PS) | 160/220 | Baujahr/Prod.-Zeitraum | 1989, ab 1966 |
| Drehzahl (U/min) | 1700 | Besonderheiten | Knicklenkung, erste Modelle auch mit Zweitakt-Motorstarter |
| Kühlung | Wasser | Stückzahlen | von 1969 bis 1990 ca. 3500 |

Die Gebrüder Kramer hatten schon 1925 in Gutmadingen motorisierte Grasmäher gebaut. Die Maschinen konnten erfolgreich verkauft werden und wurden immer weiter entwickelt. Güldner-Motoren und Prometheus-Getriebe fanden Verwendung. Mitte der dreißiger Jahre konnte man von einer echten Traktorenproduktion sprechen.

Nach dem Krieg wurden die Kramer-Traktoren langsam größer, 1951 gab es schon einen 33-PS-Typ, 1960 einen mit 40 PS. Die letzten Entwicklungen 1970 hatten 70 PS und Allradantrieb. Aber Kramer blieb ein kleiner Hersteller, sodass 1970 der Traktorenbau aufgegeben wurde und die Firmen sich auf die Herstellung von Baumaschinen konzentrierte.

Ähnlich verhielt es sich mit dem 1014 TS. Er war als Trac-Schlepper gedacht, mit gleichwertigen Anbauräumen vorne und hinten. Die Bedienungseinrichtungen konnten um 180 Grad gedreht werden, das Getriebe konnte als Lastschalt-Wendegetriebe in beiden Fahrtrichtungen völlig gleichwertig arbeiten. Die Kramer-Lenkachsen konnten in vier Betriebsarten gelenkt werden: Vorderradlenkung, Hinterradlenkung, Allradlenkung, Hundeganglenkung.

Ein Erfolg wurde der Zweiwege-Trac indes nicht: zu kleine Stückzahlen, kein geeignetes Händlernetz und (noch) kein Bedarf in der Landwirtschaft für solche Fahrzeuge sorgten 1980 für das Aus.

## Technische Daten Kramer 1014 TS

| | | | |
|---|---|---|---|
| Motor | Viertakt-Diesel Deutz F6L 913 | Gewicht (kg) | 5900 |
| Zylinder | 6 | Getriebe/Gänge (V/R) | Kramer-16/8-Synchron-Lastschalt-Wendegetriebe |
| Bohrung × Hub | 102 × 125 | L × B (mm) | 5250 × 2310 |
| Hubraum (cm³) | 6128 | Geschwindigkeit (km/h) | 31 |
| Leistung (kW/PS) | 89/121 | Baujahr/Prod.-Zeitraum | 1975/ 1973 – 1980 |
| Drehzahl (U/min) | 2800 | Besonderheiten | Zweiwege-Trac mit Allrad-/ Hundeganglenkung |
| Kühlung | Luft | Stückzahlen | 178 |

Um von der Sportwagenfertigung unabhängiger zu sein, stieg Lamborghini nach dem Zweiten Weltkrieg in den Traktorenbau ein. In Italien konnte man sich einen beachtlichen Marktanteil sichern, und in den siebziger Jahren versuchte sich der Vertrieb auch im Export nach Norden, zumal in den Traktoren bis 1954 auch MWM-Motoren eingebaut worden waren, ehe eigene Triebwerke zur Verfügung standen. Kleinere Raupen für Sonderkulturen und normale Ackerschlepper bestimmten das Programm. Großartige Verkaufszahlen ließen sich in Deutschland aber nie erreichen.

SAME übernahm 1972 den Lamborghini-Traktorenbau, die meisten der jährlich 10000 hergestellten Maschinen bleiben in Italien. 1977 geht der Schweizer Hersteller Hürlimann mit der Same-Gruppe zusammen. Die SAME-Lamborghini-Hürlimann-Gruppe stieg damit in den 90er Jahren zum viertgrößten Anbieter in Europa auf.
Heute sind durch die Übernahme der Deutz-Traktorensparte durch SAME (im Jahr 1995) die Karten neu verteilt: der Same-Lamborghini-Vertrieb sitzt in Lauingen/Donau, wo auch Deutz-Fahr-Traktoren hergestellt werden.

## Technische Daten Lamborghini 674-70

| | | | |
|---|---|---|---|
| Motor | Lamborghini-Saugdiesel | Gewicht (kg) | 3240 |
| Zylinder | 4 | Getriebe/Gänge (V/R) | Lamborghini/Same 40/40 |
| Bohrung × Hub | 105 × 115,5 | L × B (mm) | 4000 × 1960 |
| Hubraum (cm³) | 4000 | Geschwindigkeit (km/h) | 40 |
| Leistung (kW/PS) | 51/70 | Baujahr/Prod.-Zeitraum | 1989 |
| Drehzahl (U/min) | 2400 | Besonderheiten | 4180 Betriebsstunden |
| Kühlung | Wasser | Stückzahlen | – |

Giovanni Landini, ein gelernter Schmied, gründete 1884 sein Unternehmen. Als technisch interessierter Handwerker versuchte er zunächst, mit Dampftraktoren Erfolge zu erzielen.

Aber bald wandte er sich den Glühkopftraktoren zu. In seinem Todesjahr 1924 konnte der Glühkopf-Landini mit 30 PS vorgestellt werden. Die Traktoren glichen dem Lanz, augenfälligster Unterschied war der Frontkühler. Mitte der dreißiger Jahre fertigten 250 Arbeiter täglich vier Traktoren.

Die Leistungen der Landinis wurden bis zu 60 PS angehoben, der Hubraum stieg bis auf 14325 cm³. Doch auch bei Landini war der Zweitakt-Diesel irgendwann am Ende. Ab 1955 wurden Perkins-Motoren verwendet. Mit Perkins war auch Massey-Ferguson als Konzernmutter in die Nähe von Landini gerückt. 1960 war es dann soweit: MF übernahm die Mehrheit an Landini.

Die Landini-Traktoren, auch die Glühkopf-Maschine, wurden schon in den fünfziger Jahren europaweit exportiert, in seltenen Fällen auch nach Deutschland. Frankreich und die Benelux-Staaten wurden besonders gut bedient sowie Südosteuropa. (1)

**Technische Daten Landini L 35**

| | | | |
|---|---|---|---|
| Motor | Einzylinder-Zweitakt-Diesel Glühkopf | Gewicht (kg) | 1750 |
| Zylinder | 1 (liegend) | Getriebe/Gänge (V/R) | Landini 6/2 |
| Bohrung × Hub | 200 × 230 | L × B (mm) | 2450 × 1650 |
| Hubraum (cm³) | 7222 | Geschwindigkeit (km/h) | 20 |
| Leistung (kW/PS) | 25 – 29/35 – 40 | Baujahr/Prod.-Zeitraum | 1956 |
| Drehzahl (U/min) | 350 – 730 | Besonderheiten | Starten mit Benzin |
| Kühlung | Wasser | Stückzahlen | – |

1960 übernahm Massey-Ferguson schon die Mehrheit der Firmenanteile. Zunächst gewährte die Mutter noch Freizügigkeit, aber bald diktierte Massey-Ferguson die Modellpolitik. Allerdings sorgte die starke Konzernmutter für eine kontinuierliche Auslastung der Produktionsanlagen in Fabricco. Die Produktion konnte gegenüber der Vorkriegszeit verfünffacht werden.

Die Getriebe wurden weiterhin in Eigenregie hergestellt. Relativ wenige Landini-Traktoren gelangten in dieser Phase nach Deutschland, da eine Händlerorganisation noch nicht vorhanden war. Zeitzeugen berichten aber von

einzelnen Landini-Traktoren, die in den sechziger Jahren hier liefen. Die Ausstattung mit den bekannten Perkins-Motoren erlaubte wenigstens problemlose Reparaturarbeiten.

Der Exot mit 60 PS aus vier Zylindern hätte 1960 in Deutschland allerdings kaum Konkurrenz gehabt: höchstens den Schlüter AS 600 mit 60 PS, den Röhr R 60 oder den Deutz F4L514.

Erst sehr viel später wurde eine funktionierende Händlerorganisation geschaffen, um den Export zu forcieren. (1)

## Technische Daten Landini R 60

| | | | |
|---|---|---|---|
| Motor | Perkins-Viertakt-Diesel A 4/192 Kugelkammer | Gewicht (kg) | 1640 |
| Zylinder | 4 | Getriebe/Gänge (V/R) | Landini 6/1 |
| Bohrung × Hub | 88,9 × 127 | L × B (mm) | 3280 × 1690 |
| Hubraum (cm³) | 3146 | Geschwindigkeit (km/h) | 20 |
| Leistung (kW/PS) | 43/60 | Baujahr/Prod.-Zeitraum | 1960 |
| Drehzahl (U/min) | 1980 | Besonderheiten | – |
| Kühlung | Wasser | Stückzahlen | – |

Seit 1992 ist Landini mit einer eigenständigen Vertretung in Deutschland präsent. Heute reicht die Modellpalette von 45 bis 140 PS Leistung. Stark vertreten ist Landini auch noch bei Schmalspurtraktoren. Sie werden auch für Massey-Ferguson produziert. Beim Getriebebau, der in Eigenregie betrieben wird, ist man neuerdings eine Verbindung mit dem japanischen Traktorenhersteller Iseki eingegangen, der in Europa ebenfalls aktiv ist.

Die Landini-Traktoren gelten als relativ preiswert, sind aber in nennenswerten Stückzahlen auf dem deutschen Markt noch nicht vertreten, haben aber in den letzten Jahren ordentliche Zuwächse zu verzeichnen gehabt.

Die Motoren kommen immer noch ausschließlich aus dem Hause Perkins. Der Typ Globus ist ein Vertreter der unteren Leistungsklasse, aber als Pflegeschlepper mit EHR, Wendeschaltung und Fast-Run-Vorderachse mit besonders großem Lenkeinschlag gut ausgestattet, Fronthydraulik und Frontzapfwelle fehlen allerdings. (13)

## Technische Daten Landini Globus 65

| | | | |
|---|---|---|---|
| Motor | Perkins-Saugdiesel 1004-40 | Gewicht (kg) | 2685 |
| Zylinder | 4 | Getriebe/Gänge (V/R) | Landini 25/25 Wendeschaltung |
| Bohrung × Hub | 100 × 127 | L × B (mm) | 3920 × 1730 |
| Hubraum (cm³) | 3990 | Geschwindigkeit (km/h) | 40 |
| Leistung (kW/PS) | 49/67 | Baujahr/Prod.-Zeitraum | 1998 |
| Drehzahl (U/min) | 2300 | Besonderheiten | Vorderachse mit besonders großem Einschlag |
| Kühlung | Wasser | Stückzahlen | – |

Die Heinrich Lanz AG in Mannheim stellte 1921 den ersten selbstfahrenden Rohöltraktor der Welt vor. Der Form seines Zylinderkopfes entsprechend wurde er Bulldog genannt, eine Bezeichnung, die sich in der Umgangssprache zum Synonym für Traktoren durchgesetzt hat.

Der Zweitakt-Dieselmotor konnte nur nach Anheizen des Zündsackes im Glühkopf (mit einer externen Heizlampe) angeworfen werden. Auf den ersten 12-PS-Bulldog folgten Typen mit 15 PS (Knicklenker), mit 22/28 PS (Verdampfer) und der Kühlerbulldog mit 15/30 PS.

Nach dem Anheizen lief der Bulldog ohne Unterbrechung. Beim Befahren von Gefällstrecken musste der Fahrer aufpassen, dass der Bulldog nicht abkühlte, sonst entzündete der „Glühkopf" den Kraftstoff nicht mehr. Die

Verdichtung von 1:7 reichte nämlich nicht aus, die Luft so zu erhitzen, dass sich der Treibstoff daran entzündete.

Der Bulldog war wegen oder trotz seiner Einfachheit sehr beliebt und weit verbreitet. Exporte in aller Herren Länder sicherten seinen legendären Ruf.

Der Kühlerbulldog hatte seitlich einen Wabenkühler mit Ventilator. Der Vorgänger hatte lediglich 180 l Wasser im Motorgehäuse, die durch Verdampfen die Kühlwirkung sicherten.

Der HR 5 hatte auch als erster einen Rückwärtsgang: die Vorgänger konnten im Leerlauf so langsam heruntergeregelt werden, dass sie mit Geschick im richtigen Moment rückwärts beschleunigen konnten – damit standen alle Vorwärtsgänge rückwärts zur Verfügung.

## Technische Daten Lanz Bulldog HR 5

| Motor | Lanz-Zweitakt-Diesel mit Glühkopf | Gewicht (kg) | 2650 |
|---|---|---|---|
| Zylinder | 1 liegend | Getriebe/Gänge (V/R) | Lanz 3/1 |
| Bohrung × Hub | 225 × 260 | L × B (mm) | 3200 × 1950 |
| Hubraum (cm³) | 10336 | Geschwindigkeit (km/h) | 5,6 |
| Leistung (kW/PS) | 22/30 | Baujahr/Prod.-Zeitraum | 1929 – 1935 |
| Drehzahl (U/min) | 540 | Besonderheiten | erstes Modell mit Rückwärtsgang |
| Kühlung | Wasser | Stückzahlen | insges. 11500 |

Im Zweiten Weltkrieg wurden Benzin und Diesel für Zivilfahrzeuge Mangelware. Heimische Brennstoffe wurden als Alternative propagiert: die Holzgasära begann. Lanz hatte einen „Reingas-Bulldog" entwickelt, der nur mit Holzgas lief. Das schwelende Holz setzte dabei 23 % CO, 18 % $H_2$, 2 % $CH_4$, 10 % $CO_2$ und 47 % $N_2$ frei.
Eine andere Lösung war im Zweistoff-Bulldog verwirklicht. Der Lanz-Bulldog 8506 Zweistoff war aus der 10,3-l-Maschine entstanden und benötigte neben dem Holzgas, das über die Gasschleuse angesaugt wurde, stets eine kleine Dieselmenge zur Zündung, allerdings aber keine

zusätzlichen Zündeinrichtungen wie der Reingas-Bulldog. Die Startprozedur verlief wie bei allen Bulldogs: Vorheizen mit Heizlampe, anwerfen oder sogar starten mit Benzin und Summerzündung, danach umstellen auf Holzgas. Wichtigstes Teil im Motor ist die Gasschleuse, die das Holzgas aus dem Kurbelgehäuse in den Zylinderkopf führt.
100 kg Holz entsprechen dem Brennwert von 30 kg Diesel. Der Holzgasbetrieb ist eine langwierige Prozedur: Anzünden des Holzes, Anfachen der Gasproduktion, bis hin zum Rütteln der Füllung und Reinigen der Anlage.

**Technische Daten Lanz D 8506 Zweistoff HRG 7**

| | | | |
|---|---|---|---|
| Motor | Lanz-Zweitakt-Motor für Holzgas | Gewicht (kg) | ca. 2800 |
| Zylinder | 1 liegend | Getriebe/Gänge (V/R) | Lanz 6/2 |
| Bohrung × Hub | 225 × 260 | L × B (mm) | 3380 (ohne Holzvergaser) × 1820 |
| Hubraum (cm³) | 10336 | Geschwindigkeit (km/h) | 18 |
| Leistung (kW/PS) | 23,5/32 | Baujahr/Prod.-Zeitraum | 1943 |
| Drehzahl (U/min) | 540 | Besonderheiten | einer der wenigen mit Holzgas funktionierenden Bulldogs |
| Kühlung | Wasser | Stückzahlen | – |

Im Jahr 1942 konnte der 100000. Bulldog ausgeliefert werden. Die Ära der Mannheimer Glühkopfschlepper war nach dem Zweiten Weltkrieg aber nicht zu Ende. Trotz der langwierigen Startprozedur und der völlig unbefriedigenden Laufruhe gab es immer noch treue Bulldog-Kunden.

Neben dem 10,3 l großen Motor mit 35, 45 oder 55 PS gab es seit 1928/29 einen mit 4,7 l Hubraum, der 20 oder 25 PS leistete, je nach Drehzahl. Im übrigen war er technisch genauso aufgebaut wie die großen Motoren. Auch diese Bulldogs hatten ihre treuen Liebhaber. Zu diesem 20/25-PS-Typ kam noch 1939 ein 15-PS-Bauernbulldog, der kleinere Betriebe motorisieren sollte.

Mit dem 4,7 l großen 20/25-PS-Motor gab es Bulldogs in reiner Ackerausführung mit Eisenbereifung und Dreiganggetriebe, Ackerluftausführungen mit Luftbereifung und Sechsganggetriebe, Verkehrs- und Eilbulldogs mit offenem und geschlossenem Führerhaus.

Auch sie waren sehr weit verbreitet und hatten ihren Anteil an der Motorisierung der Landwirtschaft.

Bis 1954 konnte der Landwirt bei der Heinrich Lanz AG Glühkopfbulldogs kaufen.

## Technische Daten Lanz D 7506 Ackerluft

| | | | |
|---|---|---|---|
| Motor | Lanz-Zweitakt-Diesel mit Glühkopf | Gewicht (kg) | 2100 |
| Zylinder | 1 liegend | Getriebe/Gänge (V/R) | Lanz 6/2 |
| Bohrung × Hub | 170 × 210 | L × B (mm) | 2390 × 1670 |
| Hubraum (cm³) | 4764 | Geschwindigkeit (km/h) | 19 |
| Leistung (kW/PS) | 18/25 | Baujahr/Prod.-Zeitraum | 1949 |
| Drehzahl (U/min) | 760 | Besonderheiten | – |
| Kühlung | Wasser | Stückzahlen | – |

Lanz war sich der Probleme bewusst, hielt aber am Zweitakt-Dieselmotor unbeirrt fest. Immerhin wurde er weiter entwickelt, zunächst zum Halbdieselmotor. Es handelte sich weiterhin um Zweitakt-Dieselaggregate. Die Verdichtung lag jetzt höher, bei ca 1:12. Er sollte außerdem wesentlich weniger Kraftstoff verbrauchen und ruhiger laufen. Dieser Motor konnte mit Benzin gestartet werden (ohne Vorheizen mit der Heizlampe) und dann mit Dieselkraftstoff weiter betrieben werden.

Es gab eine kleine Ausführung mit 2,2 bzw. 3,7 l Hubraum mit 17 oder 22 bzw. 32 oder 36 PS sowie den großen Halbdiesel mit 7,3 l Hubraum und 50 oder 60 PS. Er war in den Modellen D 5006/5016 und 6006/6016 und D 5007/6007 bzw. 5017/6017 eingebaut.

Damit war Lanz wieder ein Stück weiter gekommen, be-

sonders die großen Halbdiesel waren imposante Fahrzeuge.

Der abgebildete Halbdiesel D 6516 ist die leistungsgesteigerte Exportvariante, deren Motor sogar 65 PS leistet. Der Besitzer hat ihn aus Spanien zurückgeholt und restauriert.

Auch von diesen Bulldogs gab es mehrere Varianten; den reinen Allzweckbulldog mit Luftbereifung und normalen Getriebeabstufungen und die Verkehrsausführung mit der Endziffer 7 oder 17 mit Schnellganggetriebe und Druckluftanlage. Sie war für Speditionen und Fuhrbetriebe vorgesehen.

Nach diesen Entwicklungen kamen die reinen Volldieselfahrzeuge auf den Markt, die ausschließlich mit Dieselkraftstoff gestartet und betrieben wurden.

## Technische Daten Lanz D 6516

| Motor | Lanz-Zweitakt-Diesel-Mitteldruck | Gewicht (kg) | 4000 |
|---|---|---|---|
| Zylinder | 1 liegend | Getriebe/Gänge (V/R) | Lanz 6/2 |
| Bohrung × Hub | 190 × 260 | L × B (mm) | 3720 × 2005 |
| Hubraum (cm³) | 7350 | Geschwindigkeit (km/h) | 20 |
| Leistung (kW/PS) | 48/65 | Baujahr/Prod.-Zeitraum | 1955 – 1962 |
| Drehzahl (U/min) | 800 | Besonderheiten | gefederte Vorderachse |
| Kühlung | Wasser | Stückzahlen | wenige Exportmodelle |

Der Tiroler Ingenieur Lindner gründete 1946 seine Firma, die zunächst Gattersägen herstellte. Zwei Jahre darauf wurden schon die ersten Traktoren gebaut – in echter Handarbeit. 1953 konnte der erste Allradtraktor konstruiert und verkauft werden – der erste in Österreich überhaupt. Heute sind sie gesuchte Sammlerstücke.

Neben den Traktoren baut Lindner leichte Transporter für die Berg-Landwirtschaft.

Die Traktoren sind mit Perkins-Motoren ausgestattet, die Getriebe kommen von der Zahnradfabrik Passau in Zusammenarbeit mit Steyr.

Lindner hat sich zum bedeutendsten österreichischen Hersteller von Traktoren für Grünlandbewirtschaftung und Berg-Landwirtschaft entwickelt.

Die Lindner-Traktoren sind wendig und haben einen tiefen Schwerpunkt, sind also ihrem Einsatzzweck optimal angepasst.

Der 100-PS-Typ ist zur Zeit der stärkste Lindner-Traktor. Er ist mit Scheibenbremsen ausgerüstet, der Allradantrieb schaltet sich beim Bremsen automatisch zu, auf Wunsch gibt es auch eine Kardanbremse vorne. Die Zapfwelle kann mit vier Geschwindigkeiten betrieben werden: 430/540/750/1000 Umdrehungen pro Minute. Die Komfortkabine hat einen luftgefederten Sitz. (14)

## Technische Daten Lindner Geotrac 100

| | | | |
|---|---|---|---|
| Motor | Perkins-Turbodiesel 1004-4THR2 | Gewicht (kg) | 3720 |
| Zylinder | 4 | Getriebe/Gänge (V/R) | ZP/Steyr 16/16 Zweifach-Lastschaltung |
| Bohrung × Hub | 100 × 127 | L × B (mm) | 3850 × 2020 |
| Hubraum (cm³) | 4000 | Geschwindigkeit (km/h) | 40 |
| Leistung (kW/PS) | 72/98 | Baujahr/Prod.-Zeitraum | 2000 |
| Drehzahl (U/min) | 2200 | Besonderheiten | Selbstsperrdifferenzial vorne, vier Zapfwellengeschwindigkeiten |
| Kühlung | Wasser | Stückzahlen | – |

Bereits in den 20er Jahren des 20. Jahrhunderts konstruierte und baute die Maschinenfabrik Augsburg Nürnberg
schon Motorpflüge und an Hebeln und Zügeln geführte
Gespannschlepper. Diese Konstruktion sollte dem Landwirt, der vom Pferdebetrieb her mit Zügeln vertraut war,
die Bedienung erleichtern! Kurz vor dem Zweiten Weltkrieg wurde mit dem 50 PS starken Typ AS 250 der erste
vollwertige Traktor mit Hinterradantrieb vorgestellt. Er
wurde mit einem eigenen Vierzylinder-Dieselmotor ausgerüstet. Schon während des Krieges konnten Allradschlepper gefertigt werden, deren Vorderachsen von der Zahnradfabrik Friedrichshafen kamen.

Nach dem Krieg wurden rasch größere Mengen an Traktoren für die Nahrungsmittelversorgung der Bevölkerung
benötigt.
Die erste Nachkriegsentwicklung war natürlich ein allrad-
getriebener MAN, der AS 325. Mit ihm wurde die „Acker-
diesel"-Baureihe eingeführt.
Der Vierzylinder-Dieselmotor mit Direkteinspritzung war
eine moderne Konstruktion. Der Absatz war gut, bis zu
250 Einheiten pro Monat konnten in neuen Produktionsanlagen hergestellt werden. Immerhin wurden 1950 1007
MAN-Schlepper in Deutschland neu zugelassen.

## Technische Daten MAN AS 325 H

| | | | |
|---|---|---|---|
| Motor | MAN-Viertakt-Diesel D 8814 GS Direkteinspritzer | Gewicht (kg) | 2150 |
| Zylinder | 4 | Getriebe/Gänge (V/R) | ZF A 15 5/1 |
| Bohrung × Hub | 88 × 110 | Länge × Breite (mm) | 2940 × 1535 – 1717 |
| Hubraum (cm³) | 2675 | Geschwindigkeit (km/h) | 20 |
| Leistung (kW/PS) | 18/25 | Baujahr/Prod.-Zeitraum | 1950 |
| Drehzahl (U/min) | 1500 | Besonderheiten | gefederte Vorderachse, Mähwerk, Zapfwelle |
| Kühlung | Wasser | Stückzahlen | – |

Der Allradschlepper 4 S 2 mit seinen 50 PS ist ein Vertreter der Oberklasse. MAN sah ihn eher in der Bau- und Forstwirtschaft, bei Erdbewegungs- und Transportarbeiten, als in der Landwirtschaft. Die MAN-eigene Werbung erläuterte seine Vorzüge folgendermaßen: „Der schwere Traktor mit Vierradantrieb vereint die Vorteile der Raupe mit denen des gummibereiften Radschleppers."

Zweifelsohne waren diese Typen der Höhepunkt der Traktorenentwicklung bei MAN. Die M-Motoren mit gutem Startverhalten, Allradantrieb, hohen Zugleistungen, gut abgestuften Getrieben, damit konnte man arbeiten. Glücklicherweise sind viele der MAN-Allradschlepper heute noch erhalten – trotz der geringen Stückzahlen – und in unterschiedlichen Gebrauchszuständen. Oftmals wurden 75-PS-Motoren nachträglich eingebaut, um noch mehr Leistung zu haben! Sicher ein Beweis für die Robustheit der Konstruktion und Auslegung.

Neben dem Einsatz im Baugewerbe war der MAN natürlich auch für die Forstarbeit wie geschaffen. Auch in den zeitgenössischen Werbeschriften (so wie später z. B. auch bei Schlüter) wurden die MAN-Traktoren mit Seilwinden (Schlang und Reichart oder Rotzler) und Forstausrüstung abgebildet. Aussagekräftige Bilder vermittelten die Stärken der Allradschlepper, die sich aber auch in der Praxis beim Holzbergen und Stämmerücken im Wald gut bewährt haben.

## Technische Daten MAN 4 S 2

| Motor | MAN-Viertakt-Diesel D 0024 M 221, Direkteinspritzer | Gewicht (kg) | 3160 |
|---|---|---|---|
| Zylinder | 4 | Getriebe/Gänge (V/R) | ZP A20/18 II 7/1 + 3 Kriechgänge |
| Bohrung × Hub | 96 × 120 | L × B (mm) | 3625 × 1970 |
| Hubraum (cm³) | 3473 | Geschwindigkeit (km/h) | 20 oder 30 |
| Leistung (kW/PS) | 36/50 | Baujahr/Prod.-Zeitraum | 1957 |
| Drehzahl (U/min) | 1900 | Besonderheiten | 35 t Anhängelast, Schnellganggetriebe |
| Kühlung | Wasser | Stückzahlen | – |

Auf die MAN-Traktoren mit den kantigen Hauben folgten die mit den runden Formen. Dem Zeitgeschmack entsprechend wurde das Styling geändert – auch schon in den sechziger Jahren.

Die Grundkonstruktion wurde beibehalten. 1960 lag MAN mit 4185 neu zugelassenen Schleppern auf einem respektablen siebten Platz in der Statistik (knapp 5 % Anteil). Trotzdem waren diese Zulassungszahlen ein Grund dafür, dass MAN gezwungen war, Anfang der 60er Jahre stark zu rationalisieren. Das Ergebnis war ein Baukastensystem für Motoren mit zwei, drei und vier Zylindern. Die Getriebe kamen von der Zahnradfabrik Friedrichshafen oder Passau.

Auch dies verhalf nicht zu einer Absatzsteigerung. 1962 wollten Mannesmann, MAN und die Porsche-Dieselmotoren-GmbH gemeinsam den Weg aus der Krise suchen.

Aber es half nichts, auch die Banken glaubten nicht an einen Erfolg, und so kam 1963 rasch und unspektakulär das Aus für den Traktorenbau bei MAN.

Der abgebildete 4R3 ist sehr schön restauriert worden. Der Besitzer vertraut auch heute noch der Technik voll und ganz und lässt sein gutes Stück mit einen Zweischar-Wendepflug arbeiten. Gerade bei solchen Arbeiten kommen die Vorteile des Allradantriebs voll zur Geltung: er verhilft nicht nur zu erhöhter Zugkraft, sondern auch zu besserer Lenkfähigkeit. (3)

**Technische Daten MAN 4R3**

| | | | |
|---|---|---|---|
| Motor | MAN-Viertakt-Diesel 8614 M 3 Direkteinspritzer | Gewicht (kg) | 2500 |
| Zylinder | 4 | Getriebe/Gänge (V/R) | ZF A 216 8/4 |
| Bohrung × Hub | 86 × 120 | L × B (mm) | 3320 × 1870 |
| Hubraum (cm³) | 2560 | Geschwindigkeit (km/h) | 19 oder 27 |
| Leistung (kW/PS) | 33/45 | Baujahr/Prod.-Zeitraum | 1962 |
| Drehzahl (U/min) | 2200 | Besonderheiten | Halbrahmenbauweise, Frontlader, Schnellganggetriebe |
| Kühlung | Wasser | Stückzahlen | – |

Harry Ferguson wurde 1884 in Nordirland geboren. Er schloss eine Lehre und ein Studium in Belfast ab und widmete sich bald der Landtechnik. 1932/33 baute er den ersten Ackerschlepper mit einem David-Brown-Getriebe. Über seine Brüder knüpfte er Kontakte in die USA und kam 1938 mit Henry Ford als Partner zusammen. Er baute an einen Fordson-Schlepper eine Zweipunktaufhängung an, die er bald zur noch heute gebräuchlichen Dreipunktaufhängung erweiterte. Ferguson als brillanter Konstrukteur brachte viele Patente in die Fordson-Schlepper ein, worauf ein erbitterter Patentstreit zwischen ihm und Ford

ausbrach, der nach vielen Gerichtsverfahren erst 1952 endete!
Beide Firmen gingen im Traktorenbau nach dem Zweiten Weltkrieg getrennte Wege.
Erstes auch für den Export bedeutendes Modell war der TE, der liebevoll „little grey-Fergie" genannte (wegen der grauen Lackierung). Der Traktor war leicht und angemessen motorisiert. Zunächst wurde ein Vergasermotor eingebaut, später, ab 1951, ein Diesel.
In allen möglichen Varianten wurde der TE bis 1956 gebaut. Die Statistik gibt 517651 Maschinen an!

**Technische Daten MF TED-20**

| Motor | Continental-Vergasermotor Z 120 | Gewicht (kg) | 1100 |
|---|---|---|---|
| Zylinder | 4 | Getriebe/Gänge (V/R) | MF 4/1 |
| Bohrung × Hub | 81 × 95 | L × B (mm) | 2921 × 1625 |
| Hubraum (cm³) | 1966 | Geschwindigkeit (km/h) | 20 |
| Leistung (kW/PS) | 17,6/24 | Baujahr/Prod.-Zeitraum | 1948 / 1946 – 1948 |
| Drehzahl (U/min) | 2000 | Besonderheiten | Vergasermotor (Zenith-Vergaser) |
| Kühlung | Wasser | Stückzahlen | bis 1948: 20895 |

Ferguson baute nach dem Krieg auch in den USA in einem eigenen Werk Traktoren. Ford war nach dem Patentstreit eine starke Konkurrenz geblieben. Harry Ferguson verkaufte 1953/54 einen Anteil seines Unternehmens an den amerikanischen Erntemaschinenhersteller Massey-Harris. Er starb im Jahre 1960.

In Großbritannien wurden Produktionsstätten in Coventry aufgebaut. Dort baute Ferguson ab 1956 u. a. auch den Typ FE 35. Die Farbgebung war eine Kombination aus Massey-Harris-Rot für die Karosserie und Ferguson-Grau für den Rumpf.

Ursprünglich favorisierten England und Amerika den Vergasermotor, für den Export, insbesondere für den deutschen Markt, mussten aber Dieselaggregate zur Verfügung stehen. Zunächst waren es Standard-Motoren, bald aber setzte sich Perkins durch.

Das Typenschild weist einen Massey-Ferguson, Kassel-Eschwege, aus. 1961 kostete der FE 35 DM 11280.–. Eine zweite unabhängige Bremse (die in England nicht vorgesehen war) kostete weitere DM 925.–.

Auch von diesem Typ konnte Massey-Ferguson große Mengen produzieren: 1957 waren es 70326, 1959 46402. Ähnliche Mengen konnte Fordson am Markt unterbringen: 1959 insgesamt 21874 Dexta-Schlepper und 43435 Major-Schlepper. 1960 produzierten die zehn wichtigsten deutschen Hersteller ca. 70000 Traktoren zusammen!

## Technische Daten MF FE 35

| | | | |
|---|---|---|---|
| Motor | Viertakt-Diesel Standard 23C, Kugelbrennkammer | Gewicht (kg) | 1400 |
| Zylinder | 4 | Getriebe/Gänge (V/R) | MF 6/2 (2 Gruppen) |
| Bohrung × Hub | 84,1 × 101,6 | L × B (mm) | 2792 × 1620 |
| Hubraum (cm³) | 2258 | Geschwindigkeit (km/h) | 20 |
| Leistung (kW/PS) | 25 (27)/33 (37) | Baujahr/Prod.-Zeitraum | 1956 – 1961 |
| Drehzahl (U/min) | 1750 – 2000 | Besonderheiten | CAV-Einspritzpumpe, Blockbauart, Regelhydraulik |
| Kühlung | Wasser | Stückzahlen | 1961: 220614 |

1960 konnte Massey-Ferguson in Beauvais (Frankreich) Fabrikationsanlagen erwerben, was natürlich ideal für den Ausbau des Festlandmarktes war. Die bisher eingebauten Standard-Motoren deckten nicht mehr alle Leistungsklassen ab, deshalb kam es zur Zusammenarbeit mit dem bekannten Motorenhersteller Perkins, der in Petersborough (GB) ansässig war und heute noch einer der größten Dieselmotorenhersteller der Welt ist. Beide steckten Ende der 50er Jahre in Schwierigkeiten und waren froh, in der MF-Gruppe unterschlüpfen zu können.
Im Massey-Ferguson 65 ist solch ein Vierzylinder-Perkins eingebaut. MF wollte mit diesem 60 PS starken Modell in die obere Klasse aufsteigen. Erfahrungen aus dem nordamerikanischen Markt gab es ja.
Dieser MF 65 tat jahrelang auf einem großen Betrieb klaglos seinen Dienst. Er ist serienmäßig mit Differenzialsperre ausgerüstet sowie mit Dreipunktaufhängung für Kategorie I und II, außerdem kann ein Frontlader angebaut werden. Der Besitzer hat ihn (zusammen mit einem MF-Dreischar-Beetpflug) aufbewahrt und zeigt ihn in gutem, unrestauriertem Gebrauchszustand auf Oldtimer-Veranstaltungen. Mitte der sechziger Jahre konnte MF schon über 6000 Traktoren in Deutschland neu zulassen und lag an fünfter Stelle der Zulassungsstatistik.

## Technische Daten MF 65

| | | | |
|---|---|---|---|
| Motor | Perkins-Viertakt-Diesel AD 4203 Wirbelkammer | Gewicht (kg) | 2075 (zul Ges.gew. 3550 kg) |
| Zylinder | 4 | Getriebe/Gänge (V/R) | MF 6/2 oder 12/4 |
| Bohrung × Hub | 91,4 × 127 | L × B (mm) | 3335 × 1840 |
| Hubraum (cm³) | 3325 | Geschwindigkeit (km/h) | 20 |
| Leistung (kW/PS) | 42/58 | Baujahr/Prod.-Zeitraum | 1964 |
| Drehzahl (U/min) | 2000 | Besonderheiten | Frontlader, Motor- und Wegezapfwelle |
| Kühlung | Wasser | Stückzahlen | 1960: 12610 |

1966 konnte MF Produktionszahlen von 160000 Traktoren pro Jahr weltweit verzeichnen und damit eine Spitzenstellung einnehmen.

Auch in Italien expandierte Massey-Ferguson: die bekannte Traktorenschmiede Landini, die ab 1924 Glühkopf-Traktoren gebaut hatte, stand zum Verkauf und wurde übernommen.

Ein Ergebnis dieser Zusammenarbeit war der MF DT 7000 – ein echtes Landini-Produkt. Die blaue Lackierung wurde durch das MF-Rot ersetzt, der Motor war der aus dem MF 65 bekannte Perkins AD 4203. Das italienische Styling aber hatte man belassen. Es konnten allerdings nur we-

nige dieser Maschinen in Deutschland abgesetzt werden. Mit steigendem Einfluß von MF bei weiteren Übernahmen auf dem Traktorenmarkt verstärkte sich diese Tendenz, zunächst diese übernommenen Typen in MF-Rot, aber mit der ursprünglichen Technik weiter zu verkaufen. In ähnlicher Weise gab es Eicher-Schlepper in Frankreich als Massey-Ferguson zu kaufen.

1964 zählte die Statistik 6372 neu zugelassene MF-Schlepper (entspricht 7,9 %). Damit ergab sich ein vierter Platz hinter Deutz, IHC, Fendt, aber noch vor Eicher oder Hanomag.

**Technische Daten MF DT 7000**

| Motor | Perkins-Viertakt-Diesel AD 4203 Wirbelkammer | Gewicht (kg) | 2750 |
|---|---|---|---|
| Zylinder | 4 | Getriebe/Gänge (V/R) | Landini 6/2 |
| Bohrung × Hub | 91,4 × 127 | L × B (mm) | 3690 × 1880 |
| Hubraum (cm³) | 3325 | Geschwindigkeit (km/h) | 20 |
| Leistung (kW/PS) | 48/65 | Baujahr/Prod.-Zeitraum | 1964 |
| Drehzahl (U/min) | 2000 | Besonderheiten | Landini-Typ, Allradantrieb |
| Kühlung | Wasser | Stückzahlen | – |

1968 wurde das MF-Produktprogramm um den Typ 133 erweitert. Er wurde ausschließlich in Beauvais (Frankreich) hergestellt. Für deutsche Vollerwerbsbetriebe reichte die Leistung damals völlig aus und entsprach der eines Eicher Tiger, eines Fendt Farmer 1 oder eines Deutz D 4006. Die MF-Produktpalette bot zu dieser Zeit aber auch wesentlich stärkere Typen (MF 165, 175, 177, 178) mit bis zu 72 PS an. Der MF 133 war mit Kugelumlauflenkung, Innenbackenbremsen und der MF-Regelhydraulik ausgerüstet. Im Winter wurde mit der CAV-Flammstartvorrichtung „Thermostart" der Anlassvorgang erleichtert.

Technisch konnte MF aber auch schon seit einigen Jahren mit dem lastschaltbaren Multi-Power-Getriebe aufwarten. Aber auch aus dem Baumaschinenbereich gab es Erfahrungen, beispielsweise mit Drehmomentwandlern. Interessant, dass damit die Schlepper schneller als die in Deutschland erlaubten 20 km/h waren, sodass im größten Gang die Drehzahlen begrenzt werden mussten.
Dieser MF 133 mit Frontlader läuft heute noch in einem Nebenerwerbsbetrieb als Hof- und Pflegeschlepper. Der Eicher-Frontlader kommt aus der Kooperation mit dem bayerischen Unternehmen, die 1970 eingegangen wurde.

## Technische Daten MF 133

| | | | |
|---|---|---|---|
| Motor | Perkins-Viertakt-Diesel A 3.144 Wirbelkammer | Gewicht (kg) | 1750 |
| Zylinder | 3 | Getriebe/Gänge (V/R) | MF Standard 8/2 |
| Bohrung × Hub | 88,9 × 127 | L × B (mm) | 3100 × 1630 |
| Hubraum (cm³) | 2365 | Geschwindigkeit (km/h) | 20 |
| Leistung (kW/PS) | 26/35 | Baujahr/Prod.-Zeitraum | 1971 |
| Drehzahl (U/min) | 2000 | Besonderheiten | Eicher-Frontlader |
| Kühlung | Wasser | Stückzahlen | – |

1974 übernahm Massey-Ferguson den Traktoren- und Baumaschinenbereich des Traditionsunternehmens Hanomag. Anfang der siebziger Jahre war dort die Traktorenproduktion eingestellt worden. 1970 war MF auch bei dem bekannten bayerischen Hersteller Eicher eingestiegen, der ebenfalls in Schwierigkeiten geraten war. Bald stellte sich heraus, dass MF sich damit etwas übernommen hatte. Die Verbindlichkeiten der Übernahmekandidaten waren groß, der Markt, auch bei den Baumaschinen, begann zu schrumpfen. So wurde zum Beispiel Hanomag 1977/78 schon wieder weiterverkauft.

Große Hoffnungen setzte das Management von Massey-Ferguson auf die neuen Modelle der 200er-Serie. Sie waren ausnahmslos mit Perkins-Dieselmotoren ausgestattet, hatten Synchrongetriebe und wurden schon häufig in Allradversion ausgeliefert. Die deutschen Hersteller hatten hier ein weit höheres Preisniveau, etwa mit dem Fendt Farmer 104. Mit einem möglichst breiten Programm versuchte MF, möglichst vielen Landwirten den optimalen Traktor anzubieten.

Der abgebildete 274 wird noch täglich eingesetzt, hier beim Festfahren der Grassilage im Fahrsilo.

**Technische Daten MF 274**

| | | | |
|---|---|---|---|
| Motor | Perkins-Saugdiesel A 4.236 | Gewicht (kg) | 2940 |
| Zylinder | 4 | Getriebe/Gänge (V/R) | MF 8/2 |
| Bohrung × Hub | 98,4 × 127 | L × B (mm) | 3760 × 1824 |
| Hubraum (cm³) | 3837 | Geschwindigkeit (km/h) | 25 |
| Leistung (kW/PS) | 44/60 | Baujahr/Prod.-Zeitraum | 1978 |
| Drehzahl (U/min) | 2000 | Besonderheiten | Frontlader |
| Kühlung | Wasser | Stückzahlen | – |

Anfang der neunziger Jahre wurde die 3000er-Reihe vorgestellt. Auch diese Traktoren kamen aus den Fertigungsstätten im französischen MF-Werk Beauvais. Die unteren Leistungsklassen wurden in Werken in Italien und England hergestellt. Von Europa aus wird sogar der kanadische und nordamerikanische Markt mit bestimmten Typen beliefert. Die Verflechtungen mit anderen Herstellern werden heutzutage immer enger: für stärkere Typen (z. B. den 3690 mit 140 kW/190 PS) bezieht MF vom finnischen Hersteller Valmet Motoren, im Gegenzug baut MF in Beauvais komplette Valmet-Traktoren.

In diesen Jahren liegt der Marktanteil von MF (in Deutschland) bei 6 bis 7 %, womit sich MF in der Zulassungsstatistik einen sechsten Platz erarbeitet.

Bei der frühsommerlichen Getreidedüngung zieht dieser 3070 den Anhänger mit losem Dünger. Längst ist man von der Sackware abgekommen. Mit einem leichteren Traktor wird der Dünger ausgebracht.

Der Landwirt konnte in der 3000er-Reihe zwischen einem aufgeladenen Vierzylinder und einem fast gleich starken Sechszylinder-Sauger wählen. Eine ähnliche Motorenpalette bot Fendt (mit MWM-Motoren), wo es Vierzylinder-Turbomotoren oder Sechszylinder-Saugmotoren mit rund 92 bzw. 100 PS gab.

Interessant die Tatsache, dass insgesamt 90 l Getriebe- und Hydrauliköl (ein gemeinsames System) zur Verfügung stehen und 7,5 l Motoröl.

## Technische Daten MF 3070

| | | | |
|---|---|---|---|
| Motor | Perkins-Turbodiesel A 6.354-1 | Gewicht (kg) | 4310 |
| Zylinder | 4 | Getriebe/Gänge (V/R) | MF 16/16 oder 32/32, zweistufige Lastschaltung |
| Bohrung × Hub | 98,4 × 127 | L × B (mm) | 4210 × 2150 |
| Hubraum (cm³) | 3860 | Geschwindigkeit (km/h) | 40 |
| Leistung (kW/PS) | 68/92 | Baujahr/Prod.-Zeitraum | 1992 |
| Drehzahl (U/min) | 2200 | Besonderheiten | – |
| Kühlung | Wasser | Stückzahlen | – |

Bei der Entwicklung der „Freisicht-Schlepper" durfte Massey-Ferguson nicht fehlen. Als einer der größten Traktorenhersteller der Welt ist MF dies seinen Kunden schuldig. Das Ergebnis der Bemühungen ist die Baureihe 4200, die den alten 300er ersetzt. Jetzt ist die Kabine so gestaltet, dass der Fahrer sehr viel mehr Sicht auf vorne angebaute Geräte hat.

Die 4200er-Serie ist als Pflegeschlepper gedacht. Sie wird mit Leistungen von 52 bis 85 PS angeboten, als Allrad- oder Hinterradschlepper. Der wendige Traktor mit 8 m Wendekreis, Wendeschaltung mit Lastschaltstufen,

zwei Zapfwellengeschwindigkeiten kostet knapp DM 60000.–. Idealerweise sollte er mit Fronthydraulik und Frontzapfwelle ausgestattet sein. Er tritt in Konkurrenz mit den Deutz-Agroplus-Traktoren, den Nachfolgern der AgroXtra-Baureihe, die in ähnlichen Leistungsbereichen angeboten werden.

Selbst der tschechische Zetor 7341 hat die abgeschrägte Haube, der Renault Ceres (und der baugleiche John Deere der 3000er-Serie) sowie der New Holland 35-66. Solche kleinen Verbesserungen setzen sich bei allen Herstellern relativ schnell durch.

## Technische Daten MF 4225A

| | | | |
|---|---|---|---|
| Motor | Perkins-Saugdiesel 4.41 | Gewicht (kg) | 3490 |
| Zylinder | 4 | Getriebe/Gänge (V/R) | MF 12/12 oder 24/24 |
| Bohrung × Hub | 101 × 127 | L × B (mm) | 3940 × 1950 |
| Hubraum (cm³) | 4070 | Geschwindigkeit (km/h) | 40 |
| Leistung (kW/PS) | 48/65 | Baujahr/Prod.-Zeitraum | 1998 |
| Drehzahl (U/min) | 2200 | Besonderheiten | voll reversierbare Wendeschaltung |
| Kühlung | Wasser | Stückzahlen | – |

Als einer der größten Traktorenhersteller weltweit musste MF immer eine aktuelle, vielseitige Modellpalette zur Verfügung stellen. Mit den Werken in Frankreich, Italien und England ist dafür genügend Produktionskapazität vorhanden. Die 6000er-Serie, die Ende der neunziger Jahre vorgestellt wurde, deckt den oberen Leistungsbereich mit Vier- und Sechszylindermotoren und 85 bis 130 PS ab. Stärkere Modelle sind in der 8000er-Serie zu finden.

Der 6140 ist mit einer Lucas-Einspritzanlage ausgerüstet. Er hat nasse, also im Ölbad laufende Scheibenbremsen. Bei 40 km/h schnellen Maschinen müssen den deutschen Vorschriften gemäß alle vier Räder gebremst werden. Deutz zum Beispiel bietet eine (teure) Bremse im vorderen Antrieb an. Andere Hersteller, auch MF, lassen beim Bremsen den Allradantrieb einschalten und verzögern so das Fahrzeug. Damit entsprechen sie den gesetzlichen Bestimmungen. Ab 14 km/h schaltet sich der Allradantrieb übrigens automatisch wieder aus.

Gebaut wird die 6000er-Serie in Frankreich. Mit dem einreihigen, gezogenen Zuckerrübenvollernter, auch schon eine Rarität, hat dieser 6140 mit seinem Vierzylinder-Turbodiesel überhaupt keine Probleme.

## Technische Daten MF 6140

| | | | |
|---|---|---|---|
| Motor | Perkins-Turbodiesel 1004.4T2 | Gewicht (kg) | 3960 |
| Zylinder | 4 | Getriebe/Gänge (V/R) | MF 8/8 + Lastschaltung |
| Bohrung × Hub | 100 × 127 | L × B (mm) | 4069 × 2570 |
| Hubraum (cm³) | 4000 | Geschwindigkeit (km/h) | 40 |
| Leistung (kW/PS) | 66/90 | Baujahr/Prod.-Zeitraum | 1999 |
| Drehzahl (U/min) | 2200 | Besonderheiten | Allrad elektrisch betätigt |
| Kühlung | Wasser | Stückzahlen | – |

Im Jahr 1999 wurden die Modelle wieder leicht überarbeitet und unter der Bezeichnung 6200 verkauft. Die Leistungsangebote blieben. Dem 130-PS-Modell wurden in den Verkaufsprospekten 5 PS mehr zugesprochen. Die Getriebe erfuhren eine Überarbeitung, um für jede Arbeit den optimalen Gang mit idealen Überschneidungen zum nächsten zur Verfügung zu haben.

Seit 1994 gehört Massey-Ferguson zum amerikanischen AGCO-Konzern, der auch Fendt übernommen hat, nun also zwei ehemalige Konkurrenten vereint hat. Das gab es ja früher schon, als MF Landini, Eicher oder Hanomag übernommen hatte.

Der Ersatzteilvertrieb für MF-Schlepper soll von Markt-oberdorf, wo die Fendt-Produktionsstätten liegen, organisiert werden.

Dieser 6290 zieht eine Quaderpresse. Mit seinen 130 PS ist die Leistung gerade angemessen. Es wird Gras vom zweiten Schnitt gepresst und anschließend von einem separaten Gerät gewickelt, sodass es dann zum Silofutter vergären kann. Die Ballen sind also entsprechend schwer und forden zum Schneiden und Pressen des Grases entsprechend Leistung.

Mit dem lastschaltbaren Dynashift-Getriebe kann der Fahrer gegebenenfalls während der Fahrt ohne Betätigung des Kupplungspedals einen halben Gang oder mehr herauf- oder herunterschalten.

## Technische Daten MF 6290

| | | | |
|---|---|---|---|
| Motor | Perkins-Turbodiesel 1006-6 THR2 | Gewicht (kg) | 5420 |
| Zylinder | 6 | Getriebe/Gänge (V/R) | MF-Dynashift 32/32 lastschaltbar |
| Bohrung × Hub | 100 × 127 | L × B (mm) | 4900 × 2200 |
| Hubraum (cm³) | 6000 | Geschwindigkeit (km/h) | 40 |
| Leistung (kW/PS) | 96/131 | Baujahr/Prod.-Zeitraum | 1999 |
| Drehzahl (U/min) | 2200 | Besonderheiten | voll lastschaltbares Getriebe |
| Kühlung | Wasser | Stückzahlen | – |

Die Top-Baureihe, zumindest für europäische Verhältnisse, ist die 8000er-Serie. Sie umfasst Maschinen bis 260 PS Leistung. Übertroffen wird sie noch von der Baureihe 9000, die allerdings in Amerika produziert wird.

Damit können selbst Großbetriebe die notwendigen Arbeiten gut erledigen. Die Hubkraft an der Hydraulik lässt schwere Gerätekombinationen an der Dreipunkthydraulik zu, die Zugkraft erlaubt große gezogene Geräte, insbesondere bei der Boden- und Stoppelbearbeitung. Bei einer Nutzlast von 4560 kg sind entsprechende Reserven vorhanden. Das zulässige Gesamtgewicht liegt mit 11500 kg so hoch, dass beim Anhängerbetrieb mit mehr als 25 km/h der Pkw-Führerschein nicht mehr ausreicht. Hier ist der entsprechende Lkw-Führerschein (alte Klasse 2) oder die neue Klasse T nötig.

Auch beim 8140 dient der zugeschaltete Allradantrieb als Bremse. Ein 330-l-Tank erlaubt auch Einsätze über den ganzen Tag oder die Nacht hinweg, was wichtig für Betriebe mit großen Schlägen oder Lohnunternehmer ist.

Der Motor wird mit 19 l Motoröl geschmiert und gekühlt, für Getriebe und Hydraulik gemeinsam sind 105 l Öl vorgesehen!

Mit der Globalisierung und Konzentration werden neuerdings nicht mehr ausschließlich Perkins-Motoren eingebaut: in den größeren MF-Typen finden auch finnische Sisu/Valmet-Motoren Verwendung.

## Technische Daten MF 8140 A

| | | | |
|---|---|---|---|
| Motor | Sisu-Valmet-Turbodiesel 620 DS | Gewicht (kg) | 6940 |
| Zylinder | 6 | Getriebe/Gänge (V/R) | MF-32/32-Dynashift Vierfach-Lastschaltung |
| Bohrung × Hub | 108 × 120 | L × B (mm) | 5070 × 2450 |
| Hubraum (cm³) | 6600 | Geschwindigkeit (km/h) | 40 |
| Leistung (kW/PS) | 118/160 | Baujahr/Prod.-Zeitraum | 1998 |
| Drehzahl (U/min) | 2200 | Besonderheiten | Sisu-Valmet-Turbomotor |
| Kühlung | Wasser | Stückzahlen | – |

DaimlerChrysler bzw. Daimler-Benz, Mercedes-Benz, Benz & Cie Abt. Benzwerke, Gaggenau-Werke, die Namensänderungen im Laufe der Zeit sind schon verwirrend. Sehr früh hat sich Daimler schon in die Motorisierung und Technisierung der Landwirtschaft eingeschaltet. Der Gaggenauer Landtraktor von 1919, der Benz-Sendling-Traktor, der Mercedes-Benz-OE-Dieselschlepper von 1926 sind Zeugen dieser Entwicklung.
Eine wirklich bahnbrechende Konstruktion war der Unimog, der kurz nach dem Zweiten Weltkrieg entstand. Der Name steht für die Abkürzung Universal-Motor-Gerät.

Mit Allradantrieb, 50 km Höchstgeschwindigkeit, drei vollwertigen Anbauräumen und Zweimann-Fahrerhaus wurden Prinzipien festgelegt, die heute noch für modernste Systemtraktoren Gültigkeit haben.
Zunächst reichten Dieselmotoren aus dem Pkw-Programm mit ihrer Leistung von anfangs 25, dann 30, 34 und nun 40 PS völlig aus. Dieser U 421 wurde 1994 aufgenommen, als er auch schon knapp 30 Jahre alt war. Er musste eine ordentliche Fuhre Heu auf dem Anhänger und eine fast eben so große als Ballast auf der Pritsche in der hügeligen Tettnanger Gegend befördern.

## Technische Daten Unimog U 421

| | | | |
|---|---|---|---|
| Motor | MB-OM-621-Saugdiesel | Gewicht (kg) | 2450 |
| Zylinder | 4 | Getriebe/Gänge (V/R) | MB 6/2 |
| Bohrung × Hub | 84 × 87 | L × B (mm) | 3860 × 1790 |
| Hubraum (cm³) | 1909 | Geschwindigkeit (km/h) | 50 |
| Leistung (kW/PS) | 29/40 | Baujahr/Prod.-Zeitraum | 1966 – 1968 |
| Drehzahl (U/min) | 3000 | Besonderheiten | Pkw-Vorkammer-Dieselmotor |
| Kühlung | Wasser | Stückzahlen | insgesamt 17312 |

Die Unimog-Baureihe 407 mit dem abgerundeten Fahrerhaus, die die untere Leistungsklasse abdeckte, war von 1988 bis 1992 im Angebot. Neu war die etwas größere Kabine. Der Einstieg in die alten Häuser war recht mühsam und erforderte ein geordnetes Ansetzen der Beine auf den Trittstufen. In der mittleren und oberen Klasse war die Reihe 424, 427, 435, 437 mit dem eckigen Fahrerhaus etabliert.

Diese Baureihe 407 wurde als Unimog U 600, U 650, U 650 L angeboten, mit Radständen von 2250 oder 2605 mm und 60-PS-Motor.

Es waren alles Vierzylindertypen. Sie waren mit dem OM-616-Saugmotor mit einer Leistung von 60 PS motorisiert.

Der Unimog war immer als Vielzweckfahrzeug beliebt – und ist es bis heute. Der ursprüngliche Einsatzzweck in der Landwirtschaft ist stark in den Hintergrund getreten. Unimog werden für alle möglichen Arbeiten in der kommunalen und privaten Wirtschaft eingesetzt. Ob als Zugmaschine, als Träger von Bohrgestellen, als Baggerlader, als Triebkopf, bei Polizei, Feuerwehr, Sanitätsdiensten – die Möglichkeiten sind fast unerschöpflich und reichen bis zum Zweiwegefahrzeug, mit dem zehn und mehr Eisenbahnwaggons verschoben werden können.

## Technische Daten Unimog U 600 (407)

| | | | |
|---|---|---|---|
| Motor | MB-OM-616-Saugdiesel | Gewicht (kg) | 2730 |
| Zylinder | 4 | Getriebe/Gänge (V/R) | MB 6/2 |
| Bohrung × Hub | 91 × 92,4 | L × B (mm) | 4010 × 1895 |
| Hubraum (cm$^3$) | 2404 | Geschwindigkeit (km/h) | 70 |
| Leistung (kW/PS) | 44/60 | Baujahr/Prod.-Zeitraum | 1988 – 1992 |
| Drehzahl (U/min) | 3000 | Besonderheiten | permanenter Allradantrieb |
| Kühlung | Wasser | Stückzahlen | – |

Auch der Unimog wurde ständig weiter entwickelt. In der Landwirtschaft spielte er nie die große Rolle, dafür war er auf dem Feld nicht wendig genug, bot zu wenig Sicht auf die Geräte und die Bereifung konnte nur begrenzt den Erfordernissen angepasst werden. Auch Pflügen war zum Beispiel mit dem Unimog nicht einfach. Es war aber ein guter Kompromiss, besonders für große Betriebe, in denen auch umfangreiche Transportarbeiten anstanden und andere Traktoren ohnehin zur Verfügung standen. Die Bau- und Kommunalwirtschaft war eher sein Einsatzgebiet. Immerhin konnte schon 1977 der 250000. Unimog produziert werden.

Dieser U 1500 läuft auf einem landwirtschaftlichen Betrieb, ist aber fest für umfangreiche Transportaufgaben eingeplant. Neu kostete er damals DM 130000.–.
Der Unimog ist bis heute fester Bestandteil des Daimler-Chrysler-Lieferprogrammes. Mit der Weiterentwicklung der Traktoren ist er für landwirtschaftliche Zwecke immer weiter in den Hintergrund getreten. Warum soll ein Landwirt einen Unimog kaufen, wenn ein Traktor heute auch 50 km/h schnell ist, gefederte Achsen hat, Front- und Heckanbau möglich ist und in Sachen Heizung/Klimatisierung dem Unimog in nichts nachsteht?

**Technische Daten Unimog U 1500**

| | | | |
|---|---|---|---|
| Motor | MB-OM-352/3-A-Turbodiesel | Gewicht (kg) | 5400 |
| Zylinder | 6 | Getriebe/Gänge (V/R) | MB 8/8 |
| Bohrung × Hub | 97 × 128 | L × B (mm) | 4750 × 2340 |
| Hubraum (cm³) | 5675 | Geschwindigkeit (km/h) | 84 |
| Leistung (kW/PS) | 110/150 | Baujahr/Prod.-Zeitraum | ab 1975 – 1988 |
| Drehzahl (U/min) | 2600 | Besonderheiten | Scheibenbremsen, Druckluftbremse |
| Kühlung | Wasser | Stückzahlen | Baumuster 425 (U 1300 und U 1500): 2970 |

Die Konstruktionsprinzipien des Unimog waren gut angekommen. Die Bestrebungen, für landwirtschaftliche Arbeiten noch besser geeignete Fahrzeuge zur Verfügung stellen zu können, mündeten letztlich im MB-Trac. Erste Versuche wurden schon ab 1967 durchgeführt, auf der DLG-Ausstellung in Hannover konnte 1972 der erste MB-Trac vorgestellt werden. Er wies viele Konstruktionsmerkmale des Unimog auf: drei Anbauräume, gleich große Räder, Allradantrieb. Sie waren alle optimiert worden: die Sicht aus dem modernen, zentral angeordneten Führerhaus war wesentlich besser, die Zugkraftverteilung durch die Kopflastigkeit erheblich günstiger als beim Unimog.

Durch Front- und Heckhydraulik sowie Front- und Heckzapfwellen und den dritten Anbauraum bzw. die Ladepritsche bewährte sich der MB-Trac vor allem mit Anbaugeräten vorne und hinten sowie Dünger- oder Spritzmitteltanks auf der Ladefläche. Schließlich war Anfang der 70er Jahre der Frontanbau noch eine Seltenheit. Er kam erst später auch bei kleineren Traktoren zum Einsatz.
Die erste Ausführung des in Gaggenau gebauten MB-Trac 65/70 kostete DM 38000.–, ab 1976 hieß er MB-Trac 700. Er wurde noch in rot-grauer Lackierung ausgeliefert. Der grün lackierte 700 kostete 1987 DM 65000.–.

**Technische Daten MB-TRAC 65/70**

| Motor | MB-OM-314-Saugdiesel Direkteinspritzer | Gewicht (kg) | 3600 |
|---|---|---|---|
| Zylinder | 4 | Getriebe/Gänge (V/R) | MB 14/8 synchronisiert |
| Bohrung × Hub | 97 × 128 | L × B (mm) | 4150 × 2000 |
| Hubraum (cm³) | 3780 | Geschwindigkeit (km/h) | 25 |
| Leistung (kW/PS) | 48/65 | Baujahr/Prod.-Zeitraum | 1973 |
| Drehzahl (U/min) | 2400 | Besonderheiten | Allrad, Vierradbremsen |
| Kühlung | Wasser | Stückzahlen | bis 1984: 4848 |

Der MB-Trac war mit zwei gefederten Achsen ausgestattet – wie der Unimog. Ein hervorragender Fahrkomfort war dadurch gegeben. Die Leistungsanforderungen in der Landwirtschaft wuchsen und damit auch die Maschinen. Der MB-Trac wurde immer stärker. Er schien das optimale Fahrzeug für Lohnunternehmer zu sein: schnell (und mit Druckluftbremse an allen Rädern auch schnell wieder zum Halten zu bringen), Anbaumöglichkeiten vorne und hinten, geräumiges, komfortables Fahrerhaus.

Als Motor kam der aus den Lkw bekannte OM 352 mit Direkteinspritzung und Abgasturbolader zum Einbau, der dort 168 PS leistete.

Dass der MB-Trac für Lohnunternehmer eine reizvolle Alternative war, zeigt das Bild oben und auf der rechten Seite: der 1500er ist mit der Quaderpresse unterwegs, für die mindestens 150 PS notwendig sind. Gerade für solche Arbeiten ist ein kräftiges und auch schnelles Fahrzeug Bedingung, um möglichst viele Aufträge von Landwirten rasch hintereinander ausführen zu können, zumal die Bauern auch beim Strohpressen von gutem Wetter abhängig sind.

Ohnehin konnte sich nicht jeder Landwirt das 1983 gut DM 125000.– teure Fahrzeug leisten.

**Technische Daten MB-TRAC 1500**

| | | | |
|---|---|---|---|
| Motor | MB-OM-352-A-Turbodiesel Direkteinspritzer | Gewicht (kg) | 6200 |
| Zylinder | 6 | Getriebe/Gänge (V/R) | MB 14/14 |
| Bohrung × Hub | 97 × 128 | L × B (mm) | 4680 × 2500 |
| Hubraum (cm³) | 5675 | Geschwindigkeit (km/h) | 25/40 |
| Leistung (kW/PS) | 110/150 | Baujahr/Prod.-Zeitraum | 1980 |
| Drehzahl (U/min) | 2400 | Besonderheiten | Allrad, Druckluftausrüstung |
| Kühlung | Wasser | Stückzahlen | bis 1984: 1820 |

Mit den gefederten Achsen hatten die Konstrukteure des MB-Trac allerdings auch einen großen Nachteil erkauft: Wurden die gefederten Achsen belastet, hinten durch Geräte an der Hydraulik, vorne durch den Frontlader, so gaben erst einmal die Federn nach. Das Fahrzeug ging „in die Knie", ehe das Gerät überhaupt angehoben wurde – manchmal so weit, dass es nicht genügend weit vom Boden wegkam. Bei Frontladerarbeiten schaukelte sich der MB-Trac bisweilen heftig auf. Die Konstrukteure moderner Traktoren, insbesondere von Trac-Schleppern haben daraus gelernt: beim JCB zum Beispiel ist der Hydraulikblock an der (gefederten) Achse angebracht, kann also nicht mit den Federn mitschwingen.

Dieser 1600 T befördert in der „Kette" des Lohnunterneh-mers die Ballen, die der 1500er auf der linken Seite gepresst hat, rasch zur Abladestelle. Auch hier kommen die Vorteile des Fahrzeuges voll zur Geltung: die Fuhre kann nicht nur schnell transportiert werden, mit Druckluft-bremse am MB-Trac und an den Anhängern ist auch eine sichere Verzögerung gewährleistet.

Der Motor OM 366 leistete in Lkw mit Turbolader und Ladeluftkühlung über 200 PS.

Schon ein Jahr später, 1991, stellte Mercedes-Benz den Bau der Tracs ein. Die Absatzzahlen waren stetig zurück-gegangen. Auch eine mit Deutz gemeinsam aufgezogene Vertriebsgesellschaft konnte keine Verbesserung bringen. „Normale" moderne Traktoren waren mittlerweile echte Alternativen geworden.

## Technische Daten MB-Trac 1600 T

| Motor | MB-OM-366-A-Turbodiesel, Direkteinspritzer | Gewicht (kg) | 6320 |
|---|---|---|---|
| Zylinder | 6 | Getriebe/Gänge (V/R) | 14/14 |
| Bohrung × Hub | 97,5 × 133 | L × B (mm) | 4680 |
| Hubraum (cm³) | 5958 | Geschwindigkeit (km/h) | 40 |
| Leistung (kW/PS) | 115/156 | Baujahr/Prod.-Zeitraum | 1990 |
| Drehzahl (U/min) | 2400 | Besonderheiten | letzte MB-Trac-Entwicklung |
| Kühlung | Wasser | Stückzahlen | – |

Es war der englische Adelige Lord Nuffield, der 1948 in einem großen, ehemaligen Rüstungsbetrieb in Birmingham die ersten Traktoren herstellte. Es waren durchdachte Konstruktionen mit Hydraulik, Fünfganggetriebe und einem eigenen Dieselmotor, an dessen Entwicklung der Schweizer Spezialist Saurer mitgeholfen hatte.

In den fünfziger Jahren entwickelte sich der Absatz dieser für deutsche Verhältnisse starken und großen Traktoren gut. Vereinzelte Exemplare kamen über Skandinavien und die Niederlande nach Deutschland.

Noch exisitierte aber kein regulärer Vertrieb.

Sehr groß war die Typenpalette Ende der fünfziger Jahre nicht: die wichtigsten waren die Typen Universal 3 und 4 mit 50 und 60 PS, drei- und vierzylindrige Maschinen. Sie bildeten eine Produktfamilie mit vielen austauschbaren Teilen.

Mit Zapfwelle, Hydraulik mit 1200 kg Hubkraft und Riemenscheibe waren es vielseitig verwendbare Maschinen für die englische Landwirtschaft, die größere Flächen bewirtschaftete als die deutschen Landwirte. (1)

## Technische Daten Nuffield Universal 4

| | | | |
|---|---|---|---|
| Motor | BMC-Viertakt-Diesel | Gewicht (kg) | ca. 2500 |
| Zylinder | 4 | Getriebe/Gänge (V/R) | Nuffield 5/1 |
| Bohrung × Hub | 95 × 120,1 | L × B (mm) | ca. 3090 × 1800 |
| Hubraum (cm³) | 3400 | Geschwindigkeit (km/h) | 20 |
| Leistung (kW/PS) | 44/60 | Baujahr/Prod.-Zeitraum | 1958/1959 – 1961 |
| Drehzahl (U/min) | 2000 | Besonderheiten | Halbrahmenbauweise, Allradantrieb |
| Kühlung | Wasser | Stückzahlen | – |

Mittlerweile hatte Bautz für eine Zeit lang den Vertrieb von Nuffield übernommen. Bautz, der oberschwäbische Erntemaschinenspezialist und Hersteller von Traktoren der unteren und mittleren Leistungsklasse wollte damit seine Produktpalette nach oben erweitern, genauso wie zum Beispiel Wahl mit David-Brown-Schleppern oder Hermann Lanz mit rumänischen UTB-Traktoren.

Ab 1964 wurden Nuffield-Antriebseinheiten (Motor und Getriebe) an den Baumaschinenhersteller JCB verkauft. Außerdem konnten rund 7000 Traktoren exportiert werden. Bis 1969 wurden Nuffield-Traktoren gebaut, dann

verschmolz die Firma mit anderen Mitgliedern der British Motor Corporation zur British Leyland Motor Corporation. 1972 kam damit das endgültige Aus der orangefarbenen Traktoren. Die Nachfolgemodelle waren blau lackiert.

Eine der letzten Entwicklungen war der Nuffield 10–60. Er wurde bei der BMC Truck and Tractor Factory in Schottland gebaut. Dort wurden auch Nuffield-Motoren in Lieferwagen eingebaut. Der ganze Traktor war modernisiert worden, vom Sitz über die Instrumente bis zur Hydraulikanlage. Die letzten Modelle wurden blau-orange lackiert. (1)

## Technische Daten Nuffield 10-60

| Motor | BMC-Viertakt-Diesel | Gewicht (kg) | ca. 2700 |
|---|---|---|---|
| Zylinder | 4 | Getriebe/Gänge (V/R) | 10/2 |
| Bohrung × Hub | 100 × 120,1 | L × B (mm) | ? |
| Hubraum (cm³) | 3768 | Geschwindigkeit (km/h) | 22 |
| Leistung (kW/PS) | 44/60 | Baujahr/Prod.-Zeitraum | 1964 – 1967 |
| Drehzahl (U/min) | 2000 | Besonderheiten | Halbrahmenbauweise, Hydraulik |
| Kühlung | Wasser | Stückzahlen | – |

Schon 1918/19 entstanden bei Renault in Billancourt bei Paris Traktoren. Der eisenbereifte Renault HO von 1921 hatte einen 22-PS-Motor. Die Konstruktionsprinzipien waren zunächst von Militärzugmaschinen übernommen worden. 1931 konnten erste Dieselmotoren versuchsweise eingebaut werden, und 1933 wurde der erste Diesel-Serienschlepper Frankreichs vorgestellt: der VY mit einem 4,3 l großen 45-PS-Dieselmotor und Zapfwelle. Die enge und heute noch andauernde Zusammenarbeit mit dem englischen Motorenhersteller Perkins wurde erst 1951

aufgenommen. Auch MWM-Aggregate wurden seit den sechziger Jahren bis in die heutige Zeit eingebaut.
Obwohl 1963 erst die Porsche-Diesel-Renault-Schlepper-Vertriebsgesellschaft gegründet wurde, kamen schon früher Renault-Traktoren über einen Generalimporteur in Köln-Sulz nach Deutschland.
Der P 70/72 N war ein Vertreter der mittleren Leistungsklasse, aber immerhin schon mit Hydraulik ausgerüstet. Mit dem MWM-Motor gab es keine Probleme bezüglich Reparatur oder Service.

**Technische Daten Renault P70/72N**

| | | | |
|---|---|---|---|
| Motor | MWM-Viertakt-Diesel AKD 112 Z | Gewicht (kg) | 1780 |
| Zylinder | 2 | Getriebe/Gänge (V/R) | Renault 6/1 |
| Bohrung × Hub | 98 × 120 | L × B (mm) | 2740 × 1720 |
| Hubraum (cm³) | 1810 | Geschwindigkeit (km/h) | 20 |
| Leistung (kW/PS) | 17/24 | Baujahr/Prod.-Zeitraum | 1961 |
| Drehzahl (U/min) | 2200 | Besonderheiten | Hydraulik, MWM-Motor |
| Kühlung | Wasser | Stückzahlen | – |

Mit dem Renault 951-4 führt uns ein großer Schritt in die Mitte der siebziger Jahre.

John Deere bietet zu dieser Zeit den 92 PS starken 3040 an, Deutz den 85 PS starken DX 85, Fendt den 90 PS starken Favorit 610, Eicher den 100-PS-Wotan, Massey-Ferguson den MF 1200 Allrad.

Mit dem MWM-Motor tat sich Renault leichter, den deutschen Markt zu erobern, war dieses Aggregat doch bekannt und eingeführt, jede Werkstatt konnte es warten und reparieren.

1975 konnte sich Renault mit 1129 Traktoren an insgesamt 64171 Neuzulassungen in der Bundesrepublik beteiligen, mehr als z. B. Same, Steyr oder Schlüter.

1980 war man mit fast derselben Anzahl bei insgesamt 45477 Einheiten weiter nach vorne auf den neunten Platz gewandert und hatte auch Ford hinter sich gelassen.

Dabei setzte der Rückgang im Traktorenbau schon voll ein und hinterließ seine Spuren bei den Herstellern: Die renommierten Firmen Hanomag und Güldner hatten z. B. schon vor einigen Jahren den Traktorenbau aufgegeben.

**Technische Daten Renault 951-4**

| | | | |
|---|---|---|---|
| Motor | MWM-Saugdiesel D 227-6 | Gewicht (kg) | 3915 |
| Zylinder | 6 | Getriebe/Gänge (V/R) | Renault 12/12 |
| Bohrung × Hub | 105 × 120 | L × B (mm) | 4060 × 2200 |
| Hubraum (cm³) | 6230 | Geschwindigkeit (km/h) | 30 |
| Leistung (kW/PS) | 70/95 | Baujahr/Prod.-Zeitraum | 1977 |
| Drehzahl (U/min) | 2300 | Besonderheiten | MWM-Saugmotor |
| Kühlung | Wasser | Stückzahlen | – |

Modernem Management folgend wurde die Landtechniksparte bei Renault erst 1985 aus dem Konzern ausgegliedert und als eigenständige Tochter geführt.

In Frankreich lag Renault 1996 und 1998 an zweiter Stelle der Neuzulassungen hinter Ford New Holland.

1994 kam es im internationalen Traktorenbau zu einer weiteren Elefantenhochzeit: zusammen mit Massey-Ferguson gründeten beide Unternehmen die gemeinsame Tochter GIMA. MF hatte ja auch in Frankreich Produktionsstätten. Wechselseitige Ergänzung des Programms war das Ziel. Konkret kauften beide Unternehmen gemeinsam Komponenten ein.

Der Renault 155-54 TZ mit seinem MWM-Turbodiesel reiht sich in folgende Konkurrentenschar ein: den MF 8120, den SAME Titan, den JCB Fastrac 1135, den 150-PS-CASE CS 150, den Deutz-Fahr Agrotron 150, den Fendt Favorit 515 C, den Lamborghini Racing, den John Deere 7710 sowie den Ursus 1634. Der Renault kostete 1998 DM 120000.–, dazwischen lagen am unteren Ende der Preisskala der polnische Ursus mit DM 75000.– und der deutsche Fendt mit DM 167000.–!

Das Getriebe des Renault hat drei Lastschaltstufen. Der Motor ist mit 16 l Motoröl gefüllt, das Getriebe mit 60 l Getriebeöl! Die Hydraulik hebt hinten 8680 kg – genug für große Anbaugeräte und Kombinationen. EHR ist selbstverständlich, auch an einen Anschluss für einen Bord-PC ist gedacht, etwa für Satellitennavigation und Ackerschlagkarteien.

## Technische Daten Renault 155-54 TZ 16 A

| Motor | MWM-Turbodiesel TD 226-B6 | Gewicht (kg) | 6750 |
|---|---|---|---|
| Zylinder | 6 | Getriebe/Gänge (V/R) | Renault 16/16 oder 24/18, drei Lastschaltstufen |
| Bohrung × Hub | 105 × 120 | L × B (mm) | 4600 × 2470 |
| Hubraum (cm³) | 6234 | Geschwindigkeit (km/h) | 40 |
| Leistung (kW/PS) | 107/145 | Baujahr/Prod.-Zeitraum | 1998 |
| Drehzahl (U/min) | 2350 | Besonderheiten | EHR, Bordcomputer |
| Kühlung | Wasser | Stückzahlen | – |

Das Joint-Venture mit John Deere, das ebenfalls 1994 eingegangen wurde, hatte weit reichende Folgen: Renault liefert an John Deere komplette Traktoren aus der CERES-Baureihe, die Leistungen zwischen 50 und 90 PS haben. Bei John Deere laufen sie als 3000er- und 5000er-Serie. Außerdem liefert der italienische Hersteller Agritalia Wein- und Obstbau-Spezialschlepper an Renault.

Das allerneueste Flaggschiff bei Renault ist der ARES 735 RZ. Auch in dieser Leistungsklasse bietet nahezu jeder Hersteller ein Modell an. Der Renault Ares ist mit einem John-Deere-Motor ausgerüstet!

Der 185 PS starke Sechszylinder arbeitet beispielsweise auch im 6910 und 7810, allerdings dort nur mit 135 bzw. 141 PS.

Die neu entwickelte Kabine hat eine Schwingungsdämpfung. Das Getriebe weist jetzt vier Lastschaltstufen auf und kann auf 64 Gänge gespreizt werden. Alle anderen modernen Konstruktionsmerkmale und Ausstattungsdetails sind selbstverständlich auch vorhanden, allerdings noch kein 50-km/h-Gang. Mit Klimaanlage sind rund DM 165000.– anzulegen. New Holland und MF liegen ähnlich, der Fendt Favorit 818 darüber. (11)

## Technische Daten Renault 735 RZ Ares

| | | | |
|---|---|---|---|
| Motor | John-Deere-Turbodiesel 6068 TRT | Gewicht (kg) | 8420 |
| Zylinder | 6 | Getriebe/Gänge (V/R) | Renault 32/32 oder 64/64, vier Lastschaltstufen |
| Bohrung × Hub | 106,5 × 127 | L × B (mm) | 5330 × 2350 |
| Hubraum (cm³) | 6788 | Geschwindigkeit (km/h) | 40 |
| Leistung (kW/PS) | 136/185 | Baujahr/Prod.-Zeitraum | 2000 |
| Drehzahl (U/min) | 2200 | Besonderheiten | schwingungsgedämpfte Kabine |
| Kühlung | Wasser | Stückzahlen | – |

Die Ursprünge italienischer Ackerschlepper liegen im Cassani-Traktor. Er wurde 1927 von Eugenio und Francesco Cassani gebaut. Der liegende Zweizylinder-Diesel leistete bei 12,7 l Hubraum (!) 40 PS. Hauptprodukte blieben aber Einspritzpumpen. Der bescheidene eigene Traktorenbau von Cassani wurde bis ungefähr 1960 betrieben, es waren aber kleinere Maschinen.

Ende der 30er Jahre gründeten die Cassani-Brüder die Firma SAME (Societá Anonima Motori Endotermici), die in den 40er Jahren rund 33 Traktoren (!) herstellte. Ab dem Jahr 1950 wurde mit neuen Zwei-, Drei- und Vierzylindermotoren die Serienfertigung stark ausgebaut. Lange Zeit lag SAME dadurch in den Produktionszahlen sogar weit über denen von FIAT.

Schon in jener Zeit wurde die Entwicklung des Allradantriebs forciert – nahezu alle Modelle der frühen fünfziger Jahre konnten auch mit Vierradantrieb ausgeliefert werden. Diesen Vorsprung in der Herstellung von Allradachsen konnte SAME lange halten, sodass auch Konkurrenten SAME-Vorderachsen zukauften.

Eindeutiges technisches Merkmal bei Same waren die luftgekühlten Motoren. Die Getriebe wurden selbst hergestellt (sogar andere Hersteller kauften SAME-Getriebe zu). (1)

**Technische Daten SAME Centauro 60**

| | | | |
|---|---|---|---|
| Motor | Same-Saugdiesel | Gewicht (kg) | 2300 |
| Zylinder | 4 | Getriebe/Gänge (V/R) | Same 8/4 |
| Bohrung × Hub | 98 × 120 | L × B (mm) | ? |
| Hubraum (cm³) | 3620 | Geschwindigkeit (km/h) | 20 |
| Leistung (kW/PS) | 44/60 | Baujahr/Prod.-Zeitraum | 1970 |
| Drehzahl (U/min) | 2200 | Besonderheiten | – |
| Kühlung | Luft | Stückzahlen | insges. Same in der BRD: 235 |

1969 erfolgte die Umwandlung des Unternehmens in eine Aktiengesellschaft, um den gestiegenen Kapitalbedarf für weitere Entwicklungsarbeiten befriedigen zu können. 1972 kaufte SAME die Traktorsparte von Lamborghini. Dieses Unternehmen hatte nach dem Krieg begonnen, Traktoren zu bauen. Im Jahr 1977 kamen Anteile des Schweizer Herstellers Hürlimann hinzu und man firmierte fortan unter SAME-LAMBORGHINI-HÜRLIMANN.
1976 konnte Same etwas mehr als 1000 Traktoren in Deutschland verkaufen. Damit lag das Unternehmen um den 10. Platz in der Statistik. Dieser Rang wurde etwa 20 Jahre lang gehalten.

In diese Zeit fiel die Vorstellung des Centurion, eines robusten Traktors der oberen Mittelklasse. Der 75 PS starke Same-Motor mit Luftkühlung bot genügend Kraftreserven für alle gängigen Arbeiten. Das selbst hergestellte Getriebe war der Leistungscharakteristik des Traktors angepasst.
Stark und gleichmäßig verbreitet waren die Traktoren nicht, je nach Stärke des regionalen Händlers konnten in dessen Einflussgebiet mehr Same verkauft werden, als in anderen Gebieten. Zusammen mit der Lackierung fielen sie in den achtziger Jahren dem geübten Beobachter sofort ins Auge.

## Technische Daten SAME Centurion 75

| | | | |
|---|---|---|---|
| Motor | Same-Saugdiesel | Gewicht (kg) | 3690 |
| Zylinder | 4 | Getriebe/Gänge (V/R) | Same 8/4 |
| Bohrung × Hub | 105 × 120 | L × B (mm) | 3920 × 2220 |
| Hubraum (cm³) | 4127 | Geschwindigkeit (km/h) | 25 |
| Leistung (kW/PS) | 54/75 | Baujahr/Prod.-Zeitraum | 1979 (EZ 1980) |
| Drehzahl (U/min) | 2070 – 2200 | Besonderheiten | 6500 Betriebsstunden |
| Kühlung | Luft | Stückzahlen | – |

Same war und ist berühmt für seine luftgekühlten Motoren. Bis 130 PS Leistung werden sie so angeboten, erst darüber wird die Wasserkühlung eingesetzt. Wie Deutz auch, hatte Same sogar Fünfzylindermotoren im Programm: in den 80er Jahren den 1055 P mit 94 PS, der bis 1990 die Same-Traktoren in dieser Leistungsklasse antrieb.

Auch die Getriebe kommen immer noch aus der eigenen Fertigung, ja sie werden sogar an andere Hersteller verkauft. Im Deutz DX 6.81 vom Anfang der neunziger Jahre ist zum Beispiel eines eingebaut.

1980 konnte Same in Deutschland mit 857 neu zugelassenen Maschinen den zehnten Platz in der Statistik belegen, was 1,9 % Anteil entsprach. Damit lag Same, der

1977 den Schweizer Hersteller Hürlimann übernommen hatte, einen Platz hinter Renault, aber noch vor Steyr, Ford, Schlüter oder Zetor, die alle nur etwas über 500 Traktoren an deutsche Landwirte verkaufen konnten.

1990 produzierte Same ca. 35000 Traktoren pro Jahr, von denen ca. 30 % in den Export gingen. Same war zu dieser Zeit der größte Hersteller von Allradtraktoren in Europa.

Interessant bei diesem Fünfzylinder-Same ist die Hürlimann-Kabine, die vom deutschen Händler beim Wiederverkauf nachgerüstet wurde, sowie der Original-Hürlimann-Farbton, ebenfalls professionell aufgetragen und bis heute erhalten.

## Technische Daten SAME JAGUAR 95

| | | | |
|---|---|---|---|
| Motor | Same-Saugdiesel 1055 P | Gewicht (kg) | 4500 |
| Zylinder | 5 | Getriebe/Gänge (V/R) | Same 20/12 |
| Bohrung × Hub | 105 × 120 | L × B (mm) | 4240 × 2230 |
| Hubraum (cm³) | 5193 | Geschwindigkeit (km/h) | 30 |
| Leistung (kW/PS) | 69/94 | Baujahr/Prod.-Zeitraum | 1982 |
| Drehzahl (U/min) | 2200 | Besonderheiten | Hürlimann-Kabine, Luftkühlung |
| Kühlung | Luft | Stückzahlen | – |

1994 schien ein gutes Jahr für SAME: 3,2 % Anteil an den Neuzulassungen hatte man erreicht, in absoluten Zahlen 863 Maschinen. Diese absolute Zahl sah dann schon weniger gut aus. Die Zahl der Neuzulassungen ging ständig zurück, der Strukturwandel in der Landwirtschaft hatte voll eingesetzt.

Schließlich führten die Konzentrations- und Fusionsbestrebungen bei den Traktorenherstellern dazu, dass SAME 1995 von Klöckner-Humboldt-Deutz die Deutz-Fahr-Anteile übernahm, also die Mehrheit an der Agrartechnik. In der Folge zog die gesamte Traktorenherstellung von Köln nach Lauingen an der Donau um in das ehemalige Werk von Ködel & Böhm.

Der ab 1992 verkaufte SAME Antares 100 besitzt immer noch den luftgekühlten Same-Motor, allerdings modernisiert mit Turbo-Aufladung und Ladeluftkühlung. Der 110 PS starke Bruder Laser 110 hat sechs Zylinder, ist aber länger, schwerer und hat einen größeren Wendekreis. Das Same-Getriebe wurde weiter entwickelt. Eine Spezialität waren relativ viele Gänge in den unteren Geschwindigkeitsbereichen.

Die Ausstattung mit drei Zapfwellengeschwindigkeiten, EHR und hinterer Gerätebetätigung vom Fahrzeugheck aus ist mittlerweile längst zum Standard geworden.

Für DM 75000.– erhielt der Landwirt einen relativ preisgünstigen, robusten Traktor.

## Technische Daten SAME Antares 100

| | | | |
|---|---|---|---|
| Motor | Same-Turbodiesel, Ladeluftkühlung | Gewicht (kg) | 3800 |
| Zylinder | 4 | Getriebe/Gänge (V/R) | Same 40/40 |
| Bohrung × Hub | 105 × 115,5 | L × B (mm) | 4080 × 2100 |
| Hubraum (cm³) | 4000 | Geschwindigkeit (km/h) | 40 |
| Leistung (kW/PS) | 74/100 | Baujahr/Prod.-Zeitraum | ab 1992 |
| Drehzahl (U/min) | 2500 | Besonderheiten | Ladeluftkühlung, 40 Gänge |
| Kühlung | Luft | Stückzahlen | – |

Schlüter war bestrebt, ein umfassendes, breit gefächertes Schlepperprogramm vorzuweisen. Die Werbung hatte ein Image „bärenstarke Traktoren" aufgebaut, das bis heute seine Berechtigung behalten hat. Der Typ Super 650 war allerdings in der mittleren Leistungsklasse angesiedelt. Auch andere Traktorenhersteller konnten da noch mithalten: Fendt mit dem Favorit 4 S mit Sechszylindermotor, Hanomag mit dem Brillant 700, Deutz mit dem D 80 bzw. D 8005. Außerdem war der Super 650 „nur" ein Hinterradschlepper. Später war der Hinterradantrieb die Ausnahme bzw. es wurden ab einer bestimmten Leistung nur noch Allradschlepper produziert.

Das unverkennbare Merkmal von Schlüter war damals schon der hubraumstarke Schlüter-Dieselmotor, der selbst hergestellt wurde. Das Getriebe hingegen war zugekauft von der Zahnradfabrik Friedrichshafen. Mitte der sechziger Jahre war die Hydrolenkung noch Zusatzausstattung und auf Wunsch lieferbar, genauso wie ein Zigarettenanzünder.

Die Traktoren wurden damals noch ohne Kabine gebaut, eine Fritzmeyer-Scheibe und ein Planenverdeck waren natürlich schon lieferbar. Kabinen wurden erst in den Prospekten von 1968 angeboten.

Der 65 PS starke 5,8-l-Saugmotor gibt seine Leistung bei der relativ niedrigen Drehzahl von 1300 Umdrehungen pro Minute ab.

## Technische Daten Schlüter Super 650

| | | | |
|---|---|---|---|
| Motor | Viertakt-Saugdiesel Schlüter SF 6600 | Gewicht (kg) | 3160 |
| Zylinder | 6 | Getriebe/Gänge (V/R) | ZF 8/4 |
| Bohrung × Hub | 100 × 125 | L × B (mm) | 4205 × 1680 |
| Hubraum (cm³) | 5892 | Geschwindigkeit (km/h) | 20 oder 28 |
| Leistung (kW/PS) | 48–50/62–65 | Baujahr/Prod.-Zeitraum | ab 1966 |
| Drehzahl (U/min) | 1300 (max. 1800) | Besonderheiten | Hinterradschlepper |
| Kühlung | Wasser | Stückzahlen | – |

Anton Schlüter wurde 1867 geboren. Er machte eine Lehre als Mechaniker und reiste in jungen Jahren herum, um möglichst viel zu lernen. Schon 1899 machte er sich mit einer kleinen Werkstatt selbstständig.

Um die Jahrhundertwende baute er die Motorenfertigung auf: zunächst waren es Vergasermotoren, bald jedoch langsam laufende Dieselmotoren, für die Anton Schlüter ein Patent für das Drehschieber-Verbrennungsverfahren erhielt. Damit konnten Vorkammer-Dieselmotoren auch bei tiefen Temperaturen ohne Vorglühen gestartet werden.

1937 wurde der erste Schlüter-Schlepper gebaut, natürlich mit Schlüter-Dieselmotor.

Nach dem Zweiten Weltkrieg weitete Schlüter das Pro-

gramm bald auf starke und stärkste Traktoren aus – sein Markenzeichen, dem Schlüter bis zuletzt treu blieb.

Der S 900 V war in Halbrahmenbauweise ausgeführt und mit einem unter Last schaltbaren Allradantrieb ausgerüstet. Schon 1965 konnten zwei Zapfwellengeschwindigkeiten gewählt werden: 540 und 1000 Umdrehungen pro Minute. Der 125-l-Tank war ausreichend, stundenlanges Fräsen oder Pflügen konnte aber schon einmal ein Nachtanken während der Mittagspause erfordern. Die Anhängelast war mit 32 t angegeben. Die 12-Volt-Anlage versorgte den 24-V-Anlasser. Die grüne Lackierung war eine Ausnahme, aber durchaus kein Einzelfall. Der hervorragend restaurierte, original grüne S 900 V darf sich heute noch an einem modernen Vierscharpflug beweisen. (3)

## Technische Daten Schlüter S 900 V

| Motor | Viertakt-Saugdiesel Schlüter SD 105 W 6 | Gewicht (kg) | 4150 |
|---|---|---|---|
| Zylinder | 6 | Getriebe/Gänge (V/R) | 8/4 ZF |
| Bohrung × Hub | 105 × 125 | L × B (mm) | 4410 × 1970 |
| Hubraum (cm³) | 6492 | Geschwindigkeit (km/h) | 20/28 |
| Leistung (kW/PS) | 59/80 | Baujahr/Prod.-Zeitraum | 1965 (ab April 64 – 1966) |
| Drehzahl (U/min) | 1400 (max. 1800) | Besonderheiten | Lenkradschaltung, Original-Farbton |
| Kühlung | Wasser | Stückzahlen | – |

Schlüter setzte weiterhin auf große, leistungsstarke Traktoren. Beim 1500er hatte der Motor schon über 7 l Hubraum und war wie üblich langhubig ausgelegt. Das Getriebe der Zahnradfabrik Friedrichshafen war voll synchronisiert und die Zwischengruppen unter Last schaltbar, der Allradantrieb natürlich auch. Auf Wunsch konnte eine Turbokupplung eingebaut werden, die wie bei Fendt funktionierte: zwei mit Öl beaufschlagte Turbinenräder stellten den Kraftfluss her. Ein weiches, ruckfreies Anfahren in allen Gängen war dadurch möglich.

Obwohl der Traktor eine Länge von fast 4,5 Metern aufweist, ist der Wendekreis von 10,4 Metern noch akzeptabel. Auf Wunsch gab es auch eine Vierradbremse – allerdings nur beim Allradschlepper, denn diese wuchtige Maschine gab es auch in Hinterradausführung! Ob diese jedoch häufig bestellt wurde, ist fraglich. 540er- und 1000er-Zapfwelle vervollständigten die wichtigsten technischen Merkmale.

Dass die Schlüter fast unverwüstlich sind, beweist dieses im Jahr 2000 aufgenommene Foto: der 1500 TV transportiert Grassilage zum Fahrsilo. Der Lohnunternehmer mit dem Selbstfahrhäcksler war ein gutes Stück entfernt. Es waren nur zwei Traktoren im Einsatz, jeder musste sich beeilen, um den Häcksler nicht unnötig warten zu lassen. Entsprechend „scharf" wurde der Schlüter mit dem Tandemachs-Anhänger gefahren – der „Sound" an der Steigung war etwas für echte Schlüterfans. Kraftreserven waren aber für die Arbeit durchaus vorhanden.

## Technische Daten Schlüter 1500 TV

| | | | |
|---|---|---|---|
| Motor | Viertakt-Saugdiesel Schlüter SDMT 110 W 6 | Gewicht (kg) | 3375 |
| Zylinder | 6 | Getriebe/Gänge (V/R) | ZF12/6 synchronisiert |
| Bohrung × Hub | 110 × 125 | L × B (mm) | 4405 × 2280 |
| Hubraum (cm³) | 7128 | Geschwindigkeit (km/h) | 30 |
| Leistung (kW/PS) | 106/145 | Baujahr/Prod.-Zeitraum | 1971 |
| Drehzahl (U/min) | 1300 | Besonderheiten | Turbokupplung |
| Kühlung | Wasser | Stückzahlen | – |

Seit 1968 gab es die charakteristische Schlüter-Traktomobil-Kabine mit den nach vorne geneigten Scheiben. Sie wurde immer komfortabler gestaltet, z. B. mit einer Klimaanlage.

1970 wurde das Super-Traktomobil 2000 TVL vorgestellt, der stärkste und größte Traktor Europas. Bis heute ist es der einzige Schlüter mit Achtzylindermotor. Der 2000 TVL hatte vorne ziemlich große Räder (13–30), fast schon die für die Trac-Technik charakteristischen gleich großen.

Die neue Super-Silence-Großraumkabine war kippbar ausgeführt, der gesamte Fahrerstand konnte gedreht werden, die Lenkung wurde hydraulisch betätigt. Für einen Traktor dieser Größe war eine Vierradbremse kein reiner Luxus mehr: große, aufgesattelte oder gezogene Geräte und große Anhänger, auch wenn sie luftgebremst waren, wollten sicher verzögert werden.

Die Turbokupplung (Schlüter-Hydromatik) war serienmäßig eingebaut, es gab nur eine 1000er-Zapfwelle. Das Getriebe mit 12 Vorwärts- und 6 Rückwärtsgängen konnte zuletzt mit einer Zweifach-Lastschaltung ausgerüstet werden. Die Vorderachse besaß die Schlüter-Locomatic, ein selbstsperrendes Differenzial.

Der Achtzylinder-Schlüter wurde als Super Trac 2200 bis 1993 gebaut und kostete zuletzt weit über DM 150000.–.

Der Schlüter auf dem Tieflader musste einen Kabelverleger ziehen, das hat ihm im Sommer 1999 einen Getriebeschaden eingebracht.

## Technische Daten Schlüter 2000 TVL

| Motor | Schlüter-Turbodiesel SDMT 110 W8 | Gewicht (kg) | 7000 |
|---|---|---|---|
| Zylinder | 8 (Reihe) | Getriebe/Gänge (V/R) | ZF 12/6 |
| Bohrung × Hub | 110 × 125 | L × B (mm) | 5000 × 2380 |
| Hubraum (cm³) | 9504 | Geschwindigkeit (km/h) | 30 |
| Leistung (kW/PS) | 136/185 | Baujahr/Prod.-Zeitraum | 1975/ab 1970 |
| Drehzahl (U/min) | 1300 | Besonderheiten | Vierradbremse, Turbomatik |
| Kühlung | Wasser | Stückzahlen | – |

Anfang der achtziger Jahre gaben Daimler-Benz und Klöckner-Humboldt-Deutz die Trac-Technik auf. Schlüter hatte diese Entwicklung vorausgesehen und das Startsignal zu einer eigenen Trac-Entwicklung schon 1987 gegeben. 1989 konnte dann der Euro-Trac vorgestellt werden. Gleich große Räder, drehbarer Fahrerstand für Arbeiten in Vor- und Rückwärtsfahrt, gleichwertige Anbauräume vorne und hinten – den dritten hatte man eingespart – das waren die Konstruktionsprinzipien des Euro-Trac.

Da Schlüter keinen geeigneten Motor zur Verfügung hatte und die Aktivitäten in der eigenen Motorenentwicklung gedrosselt wurden, musste auf einen MAN-Unterflurmotor zurückgegriffen werden.

Das Getriebe war voll lastschaltbar, es gab eine EHR, und als besonderes Ausstattungmerkmal konnte das 1100 kg schwere Frontgewicht komplett auf einem Gestell abgesetzt werden oder am Euro-Trac hydraulisch nach vorne geschoben werden.

All das hielt den Niedergang der Schlüter-Werke nicht auf: das Werksgelände war nicht mehr als Produktionsstandort zu verwenden, ein Intermezzo bei LTS Schönebeck bzw. der Landtechnik Schlüter GmbH in Schönebeck war nicht von Erfolg gekrönt. Der Generalvertreter in Fürth sichert heute den Ersatzteilverkauf und baut auf Bestellung einzelne Schlüter-Traktoren.

### Technische Daten Schlüter Euro Trac 1600

| | | | |
|---|---|---|---|
| Motor | MAN-Turbodiesel mit Ladeluft- kühlung (Unterflurmotor) | Gewicht (kg) | 6000 |
| Zylinder | 6 | Getriebe/Gänge (V/R) | 24/10 |
| Bohrung × Hub | 108 × 125 | L × B (mm) | 5340 × 2500 |
| Hubraum (cm³) | 6871 | Geschwindigkeit (km/h) | 40 |
| Leistung (kW/PS) | 118/160 | Baujahr/Prod.-Zeitraum | ab 1989 |
| Drehzahl (U/min) | 2200 | Besonderheiten | Fahrerstand drehbar, verschiebbares und abnehmbares Frontgewicht |
| Kühlung | Wasser | Stückzahlen | – |

In Österreich wurde, neben den Zugmaschinen von Ferdinand Porsche, 1919 der erste Motorpflug gebaut. 1928 war es dann das bekannte österreichische Unternehmen Steyr, das einen Universal-Traktor konstruierte, der dem Fordson nachempfunden war. Motorisiert wurde das Gerät mit einem 80-PS-Benzinmotor.

Richtig aktiv wurde Steyr im Traktorenbau erst nach dem Zweiten Weltkrieg: der Serienbau von Ackerschleppern lief mit dem Typ 180 an. Von diesem 26 PS starken Schlepper wurden bis 1962 ca. 45000 Stück gebaut. Die Motoren kamen von Steyr selbst.

Auch ein 15-PS-Typ existierte. Diese kleineren Maschinen waren der einheimischen Landwirtschaft vorbehalten.

Mutig war der Bau von 50 und 60 PS starken Traktoren, die für große Betriebe, Genossenschaften und für den Export vorgesehen waren.

Ein solches Exemplar ist der abgebildete Typ 280 mit einem Vierzylinder-Steyr-Dieselmotor. Anfang der fünfziger Jahre gab es mit ähnlicher Leistung in Deutschland den Schlüter AS 45, den Röhr R 60 mit 60 PS, den Deutz F3L oder F4L mit 50 oder 60 PS. Immerhin stand dem Steyr schon ein Zehnganggetriebe zur Verfügung sowie Kraftheber und Zapfwelle.

Sehr viele Exemplare von dieser großen Maschine sind sicher nicht gebaut und exportiert worden. (1)

## Technische Daten Steyr 280

| | | | |
|---|---|---|---|
| Motor | Steyr WD 407, Direkteinspritzer | Gewicht (kg) | 3100 |
| Zylinder | 4 | Getriebe/Gänge (V/R) | Steyr 10/2 |
| Bohrung × Hub | 98 × 100 | L × B (mm) | 3600 × 1700 |
| Hubraum (cm³) | 3017 | Geschwindigkeit (km/h) | 20 |
| Leistung (kW/PS) | 44/60 | Baujahr/Prod.-Zeitraum | ab 1953 |
| Drehzahl (U/min) | 2400 | Besonderheiten | Direkteinspritzer, Zehnganggetriebe |
| Kühlung | Wasser | Stückzahlen | – |

Steyr blieb dem Traktorenbau treu. Allerdings gelang es erst in den siebziger Jahren nennenswerte Zulassungszahlen in Deutschland zu erreichen, die dann zwischen einem und zwei Prozent der Neuzulassungen lagen, also zwischen 500 und 700 Maschinen.

Um am europäischen Markt mitzuspielen, war Steyr mit einer Jahresproduktionskapazität von 6000 Traktoren in den neunziger Jahren zu klein. Erste Partner waren Massey-Ferguson und Valmet, die Getriebe bzw. Motoren an Steyr lieferten, während Steyr-Allrad-Vorderachsen oder Getriebe bei verschiedenen anderen Herstellern (u. a. IHC und Deutz) eingebaut wurden.

Die allerneueste Entwicklung war dann 1996 die Übernahme durch die CASE Corporation.

In diesem großen Verbund werden in St. Valentin die Traktoren von 40 – 150 PS Leistung hergestellt, die anderen Typen hat man aufgeteilt, Konstruktionen und Komponenten wurden in die Gesamtpalette eingebracht. Damit ergibt sich wie bei anderen Herstellern auch, dass es identische Typen in der jeweiligen Firmenlackierung gibt, so wie diesen Steyr CVX 170, den es auch als CASE gibt. Interessant hier der finnische Sisu-Diesel, der auch in Valmet-Traktoren eingebaut ist, und die gefederte Kabine sowie das stufenlose Getriebe. (12)

**Technische Daten CASE CVX 170 A**

| | | | |
|---|---|---|---|
| Motor | Valmet-Sisu-Turbodiesel | Gewicht (kg) | 6500 |
| Zylinder | 6 | Getriebe/Gänge (V/R) | Stufenlos |
| Bohrung × Hub | 108 × 120 | L × B (mm) | 4770 × 2500 |
| Hubraum (cm³) | 6600 | Geschwindigkeit (km/h) | 40/50 |
| Leistung (kW/PS) | 121/165 | Baujahr/Prod.-Zeitraum | 2000 |
| Drehzahl (U/min) | 2300 | Besonderheiten | identisch mit Case-Typ, gefederte Kabine und Vorderachse |
| Kühlung | Wasser | Stückzahlen | – |

UTB Uzina Tractorul Brasov ist der größte rumänische Traktorenhersteller. 1946 lief in Brasov (Kronstadt) in einem ehemaligen Rüstungsbetrieb die Traktorenfertigung an. Im Rahmen der RGW- und Comecon-Vereinbarungen kamen die Maschinen auch in die DDR.

Schon Ende der sechziger Jahre führten die Westkontakte des rumänischen Unternehmens zu einem Lizenzvertrag mit FIAT. Zunächst wurden importierte Fiat-Traktoren montiert, im Laufe der Zeit wurden dann immer mehr Teile selbst gebaut – mit nachteiligen Folgen für die Qualität. Auch in Westdeutschland wurden in Rumänien gebaute UTB-Schlepper verkauft, die identisch mit den Fiat-Typen waren, aber nicht deren Qualität besaßen.

Der UTB Universal 65 erhielt aber in der DDR 1965 anlässlich einer landwirtschaftlichen Ausstellung sogar eine Goldmedaille. Es war ein leistungsstarker Traktor mit Zapfwelle, Hydraulik, hydraulisch unterstützter Lenkung, möglichem Allradantrieb und guter Getriebeabstufung. In der DDR-Landwirtschaft wurden solche Traktoren dringend gebraucht.

Wenn die Angaben aus den technischen Unterlagen stimmen, dann arbeitet in vielen UTB-Traktoren eine englische CAV-Einspritzpumpe. (1)

## Technische Daten UTB Universal 650

| | | | |
|---:|---|---:|---|
| Motor | UTB-Diesel, Direkteinspritzer | Gewicht (kg) | 2800 |
| Zylinder | 4 | Getriebe/Gänge (V/R) | UTB 12/3 |
| Bohrung × Hub | 95 × 110 | L × B (mm) | 4320 × 2050 |
| Hubraum (cm³) | 3119 | Geschwindigkeit (km/h) | 20 |
| Leistung (kW/PS) | 40 – 48/55 – 65 | Baujahr/Prod.-Zeitraum | ab 1963 |
| Drehzahl (U/min) | 2400 | Besonderheiten | Halbrahmenbauweise, Druckluftausrüstung |
| Kühlung | Wasser | Stückzahlen | – |

1970 gab es wieder spektakuläre Westkontakte von UTB: mit dem schwäbischen Traktorenhersteller Hermann Lanz in Aulendorf wurde ein Vertriebsabkommen geschlossen. HELA sollte die UTB-Traktoren in Deutschland, Österreich, der Schweiz und Dänemark verkaufen. Das Aulendorfer Unternehmen rundete damit sein Typenprogramm nach oben ab. 1971 wurden 60 Neuzulassungen verzeichnet, 1972 schon 608. Zeitweise konnte man aber in der Zulassungsstatistik einen Rang vor Schlüter und Renault einnehmen. Mit der Zeit und der weiteren, negativen Entwicklung des Traktorenbaus bei HELA schlief die Zusammenarbeit wieder ein.

In den neuen Bundesländern ist heute wieder durch die alten Erfahrungen dort mit den UTB-Traktoren ein gewisser Bedarf zu verspüren, sodass sich in Bayern ein Importeur gefunden hat. Die heutigen UTB-Schlepper sind ihren Kollegen aus den Nachbarstaaten technisch ähnlich.

Auch dieser UTB 445 wurde auf der Schwäbischen Alb aufgenommen, ein Zeichen dafür, dass damals tatsächlich der eine oder andere UTB auf deutschen Betrieben lief und sogar bis heute erhalten geblieben ist – so schlecht kann es um die Qualität doch nicht bestellt gewesen sein.

## Technische Daten UTB Universal 445

| | | | |
|---|---|---|---|
| Motor | UTB-Diesel D 115 Direkteinspritzer | Gewicht (kg) | 1920 |
| Zylinder | 3 | Getriebe/Gänge (V/R) | UTB 9/3 |
| Bohrung × Hub | 95 × 110 | L × B (mm) | 2620 × 1570 |
| Hubraum (cm³) | 2340 | Geschwindigkeit (km/h) | 20 |
| Leistung (kW/PS) | 33/45 | Baujahr/Prod.-Zeitraum | 1974 |
| Drehzahl (U/min) | 2400 | Besonderheiten | CAV-Einspritzpumpe, Import über HELA |
| Kühlung | Wasser | Stückzahlen | – |

Jeder der beiden skandinavischen Hersteller Volvo und Valmet hatte um die 25 % Marktanteil im eigenen Land. Als sich der weltweite Konzentrationsprozess bei den Herstellern abzuzeichnen begann, reagierten beide Firmen: sie schlossen sich zusammen und entwickeln und produzieren gemeinsam Traktoren.

1985 übernahm Valmet schließlich die Volvo-Anteile an der gemeinsamen Traktorenproduktion, und 1994 ging das ganze Unternehmen im Sisu-Konzern auf, der wiederum 1997 in die Partek-Gruppe (und teilweise in ein finnisches Staatsunternehmen) eingeliedert wurde. Der Hersteller von HIAB-Aufbauten und Ladekränen gehört zum Beispiel auch zu diesem Konsortium.

Erst 1991 entschloss sich der finnische Hersteller Valmet dazu, in Deutschland aktiv zu werden und Traktoren zu verkaufen. Zwar war Valmet als der führende Traktorenhersteller Skandinaviens berühmt geworden und hatte sich schon einmal für Eicher interessiert. Er war aber zunächst sehr erfolgreich beim Export nach Südamerika tätig, aber eben noch nicht in Deutschland.

Der Typ 6300 ist mit einem Vierzylinder-Turbomotor ausgestattet. Das Getriebe hat eine Dreifach-Lastschaltung und kann auf Wunsch mit einer Turbokupplung kombiniert werden. Auf Wunsch können alle Bedienungselemente als Rückfahreinrichtung gedreht werden. Auch er ist mit dem Sisu-Dieselmotor ausgerüstet.

## Technische Daten Valmet 6300

| | | | |
|---|---|---|---|
| Motor | Valmet-Sisu-Turbodiesel | Gewicht (kg) | 4390 |
| Zylinder | 4 | Getriebe/Gänge (V/R) | Sisu 12/12 oder 36/36 |
| Bohrung × Hub | 108 × 120 | L × B (mm) | 4430 × 2140 |
| Hubraum (cm³) | 4400 | Geschwindigkeit (km/h) | 40 |
| Leistung (kW/PS) | 63/85 | Baujahr/Prod.-Zeitraum | 1995 |
| Drehzahl (U/min) | 2225 | Besonderheiten | Dreifach-Lastschaltung, EHR, auf Wunsch Turbokupplung |
| Kühlung | Wasser | Stückzahlen | – |

Die beiden Traktorenhersteller Volvo und Valmet teilten sich lange Zeit den skandinavischen Markt. Volvo hatte seine Wurzeln im traditionsreichen Hersteller Bolinder-Munktell. Der Rüstungshersteller Valmet brachte 1949 seinen ersten Traktor auf den Markt. 1955 konnte der 1000. Valmet-Traktor ausgeliefert werden.

Das frühe Engagement in Südamerika zeigt sich in einem Werk in Brasilien, wo Valmet mittlerweile Marktführer ist und schon weit über 10000 Traktoren absetzen konnte. Dort wurden in Lizenz gebaute MWM-Motoren eingebaut. Die Modelle der sechziger Jahre für den europäischen Markt hatten ein CASE-Getriebe.

Die Motoren für die Valmet-Traktoren werden beim Schwesterunternehmen SISU hergestellt, das schon seit langem Erfahrung im Dieselmotorenbau hat und sogar Lastwagen produzierte.

Die Sisu-Motoren haben mittlerweile einen so guten Ruf, dass sie auch in Traktoren von Massey-Ferguson, Steyr, Case und Landini eingebaut werden. Valmet erhielt im Gegenzug MF-Getriebe.

Umgekehrt wurden auch schon im französischen Werk von MF Valmet-Traktoren montiert.

Valmet-Traktoren sind besonders für den Forsteinsatz geeignet: sie haben einen niedrigen Schwerpunkt und einen glatten Unterboden. Ein solches Exemplar mit Nagel-Doppeltrommelseilwinde vorn und Heckladekran zeigt die Abbildung. (2)

## Technische Daten Valmet 6400

| | | | |
|---|---|---|---|
| Motor | Valmet-Sisu-Turbodiesel | Gewicht (kg) | 4170 ohne Winde und Kran |
| Zylinder | 4 | Getriebe/Gänge (V/R) | Sisi 12/12 oder 36/36 |
| Bohrung × Hub | 108 × 120 | L × B (mm) | 4930 × 2140 |
| Hubraum (cm³) | 4400 | Geschwindigkeit (km/h) | 40 |
| Leistung (kW/PS) | 70/95 | Baujahr/Prod.-Zeitraum | ab 1996 |
| Drehzahl (U/min) | 2225 | Besonderheiten | Forstausrüstung |
| Kühlung | Wasser | Stückzahlen | – |

Heute ist der offizielle Markenname Valtra-Valmet (Valmet von Valtion Metallitehtaat).

Statistisch gesehen fällt und fiel Valmet in Deutschland nicht ins Gewicht. Mal waren es 90 Neuzulassungen, 1994 dann 151, nicht einmal ein Prozent Anteil.

Dennoch wurde an der Modellpalette kräftig gearbeitet. Die Motoren hatten sich ja schon bei anderen Herstellern empfohlen. Die neuen Getriebe mit Dreifach-Lastschaltung wurden zusammen mit ZF entwickelt und bei Sisu gebaut.

Die allerneueste Mega-Reihe bietet Großtraktoren bis 160 PS Leistung an. Im unteren Bereich beginnt das Spektrum bei 60-PS-Hinterradschleppern.

Die Traktoren werden in roter und grüner Lackierung ausgeliefert. Es können zwei verschieden große Radstände ausgewählt werden. Der Tank ist übrigens als tragendes Teil aus Stahl ausgeführt.

Neben der Lastschaltung ist die EHR mit Schwingungstilgung selbstverständlich. Ungewöhnlich für Traktoren dieser Größe ist die auf Wunsch lieferbare Rückfahreinrichtung, wie sie von den großen Schlüter-Traktoren, von den großen Fendt oder dem Zweiwege-Trac von Kramer schon seit vielen Jahren bekannt ist.

Der Valmet 8450 kostet aktuell zwischen DM 108000.– und DM 120000.–, wobei die Kabine im Preis inbegriffen ist! (15)

### Technische Daten Valtra Valmet 8450

| Motor | Valmet-Sisu-Turbodiesel 620 DW Permatorque | Gewicht (kg) | 5200 |
|---|---|---|---|
| Zylinder | 6 | Getriebe/Gänge (V/R) | Sisu 36/36 voll synchronisiert |
| Bohrung × Hub | 108 × 120 | L × B (mm) | 4940 × 2240 |
| Hubraum (cm³) | 6600 | Geschwindigkeit (km/h) | 40 |
| Leistung (kW/PS) | 103/140 | Baujahr/Prod.-Zeitraum | 1998 |
| Drehzahl (U/min) | 2200 | Besonderheiten | auf Wunsch Rückfahreinrichtung, Zwillingsbereifung |
| Kühlung | Wasser | Stückzahlen | – |

Die großen Flächen der DDR-Landwirtschaft, die die Umwandlung in LPG hervorgebracht hatte, mussten schlagkräftig bewirtschaftet werden können. Dazu waren leistungsfähige Traktoren notwendig. In den fünfziger Jahren herrschte daran Mangel, viele Vorkriegsschlepper mussten noch mithelfen, erste eigene Konstruktionen kamen nur langsam auf.

Abhilfe schafften natürlich auch Importtraktoren, die aus anderen Ostblockstaaten eingeführt wurden. Aber dort gab es diese Maschinen auch nicht im Überfluss, und die Ersatzteilversorgung war noch schwieriger.

Der Famulus war mit seinen 33 PS in der mittleren Leistungsklasse angesiedelt, aber in großen Stückzahlen verbreitet und sehr beliebt. Er wurde Ende der fünfziger Jahre vom VEB IFA Schlepperwerk Nordhausen (Harz) vorgestellt. Dort wurden vor dem Krieg MBA-Traktoren (ehemals Orenstein und Koppel) hergestellt. Der Motor kam aus der Einheitsbaureihe EM2-15.

Das Original-Einsatzfoto zeigt einen 40 PS starken Famulus mit einem gezogenen Häcksler und einem Sammel-Ladewagen. Solche Gespanne gab es um diese Zeit in der Bundesrepublik noch kaum. Die LPG-Felder ließen sich aber anders, d. h. weniger stark mechanisiert, nicht bearbeiten. (6)

**Technische Daten Radtraktor Famulus 40**

| Motor | Nordhausen-Dieselmotor, Wirbelkammer, 2KVD 14,5 SRW/46 | Gewicht (kg) | 2600 |
|---|---|---|---|
| Zylinder | 2 | Getriebe/Gänge (V/R) | Nordhausen 10/2 |
| Bohrung × Hub | 120 × 145 | L × B (mm) | 3336 × 1602 |
| Hubraum (cm³) | 3280 | Geschwindigkeit (km/h) | 28 |
| Leistung (kW/PS) | 29/40 | Baujahr/Prod.-Zeitraum | 1964/65 |
| Drehzahl (U/min) | 1800 | Besonderheiten | – |
| Kühlung | Wasser | Stückzahlen | 4582 |

Die Société Française Vierzon wurde 1847 gegründet. Der Schreiner Celestin Gérard stellte dort Dreschmaschinen her. Bald kamen Dampfmaschinen hinzu, denn der Firmeninhaber hatte auch ausgeprägte technische Interessen. 1934 wurde der erste Traktor, der H1, vorgestellt. Er hatte einen Glühkopfmotor mit 22/38 PS, wie der Lanz, war aber eine eigene Entwicklung. Gérard schätzte wohl die Zuverlässigkeit und Robustheit des Motors sehr hoch ein. Der Zweitakt-Dieselmotor musste wie beim Lanz auch mit der Heizlampe vorgeheizt werden.

Es folgten weitere Modelle mit 50/55 PS und 12,7 l Hubraum, wobei es jeweils eine eisenbereifte Acker- und eine luftgummibereifte Straßenausführung gab.

Nach dem Krieg wurden die Traktoren technisch unverändert weitergebaut, jetzt war noch eine Starteinrichtung mit Summer und Benzinanlassung hinzugekommen. Das Äußere war etwas ansprechender als beim technisch vergleichbaren Lanz-Bulldog.

Die großen Schlepper waren fast ausschließlich für Lohnunternehmer bestimmt. Vierzon hielt wie Lanz auch sehr lange am Zweitakt-Diesel fest und entwickelte Halbdiesel- und Volldieselmodelle. In den ersten 100 Jahren nach der Gründung waren ca. 5200 Traktoren und 10143 Dampflokomobilen produziert worden. 1960, nach der Übernahme durch CASE (nicht zu verwechseln mit IHC) wurde die Produktion von Vierzon-Traktoren eingestellt. (1)

**Technische Daten Vierzon 551**

| Motor | Einzylinder-Zweitaktdiesel Glühkopf | Gewicht (kg) | 3650 |
|---|---|---|---|
| Zylinder | 1 liegend | Getriebe/Gänge (V/R) | Vierzon 5/1 |
| Bohrung × Hub | 250 × 260 | L × B (mm) | 3450 × 1800 |
| Hubraum (cm³) | 12760 | Geschwindigkeit (km/h) | 20 |
| Leistung (kW/PS) | Max. 45/60 | Baujahr/Prod.-Zeitraum | 1954 |
| Drehzahl (U/min) | 650 | Besonderheiten | Lohnunternehmer-Maschine |
| Kühlung | Wasser | Stückzahlen | ca. 10500 |

Die Maschinenfabrik Karl Friedrich Wahl in Balingen auf der Schwäbischen Alb stellte vor allem Bandsägen her. Als Gebr. Wahl 1908 gegründet, konzentrierte sich einer der beiden Brüder, Karl Friedrich, bald auf die Sägen. Unter anderem waren es die, die an den 12er-Lanz angebaut wurden. Über die selbstfahrenden Bandsägen, die Wahl auch baute, kam die Firma bald zum Traktorenbau. 1935 wurde der erste Typ mit 20-PS-MWM-Motor und ZF-Getriebe vorgestellt. Wahl verwendete immer zugekaufte Motoren und Getriebe, die Bandsägen waren so konstruiert, dass sie schnell an- und abgebaut werden konnten. In den fünfziger Jahren wurden Wahl-Schlepper sogar nach Griechenland exportiert, dennoch kam es nicht

zu nennenswerten Verkaufszahlen, besonders außerhalb des Einzugsgebietes von Wahl.

Für eigene Weiterentwicklungen fehlte Kapital, sodass Anfang der sechziger Jahre leistungsstärkere David-Brown-Traktoren verkauft und zum Teil sogar in Balingen montiert wurden. Doch ab 1964 wurde der Vertrieb von David Brown neu organisiert und von Hannover aus betrieben.

Dieser Wahl W 40 war der stärkste Typ, den Wahl gebaut hat. Es war jahrelang der Betriebsschlepper des Waagenherstellers Bizerba, wo er innerbetriebliche Transporte durchzuführen hatte. Jetzt warten Sammler darauf, dass der jetzige Besitzer ihn verkauft.

## Technische Daten Wahl W 40

| | | | |
|---|---|---|---|
| Motor | Viertakt-Diesel MWM KDW 415 D mit Wirbelkammer | Gewicht (kg) | 2350 |
| Zylinder | 3 | Getriebe/Gänge (V/R) | ZF A 17 5/1 |
| Bohrung × Hub | 100 × 150 | L × B (mm) | 3380 × 1690 |
| Hubraum (cm³) | 3534 | Geschwindigkeit (km/h) | 20 |
| Leistung (kW/PS) | 29/40 | Baujahr/Prod.-Zeitraum | 1954 |
| Drehzahl (U/min) | 1500 | Besonderheiten | Blockbauweise, Kriechgang |
| Kühlung | Wasser | Stückzahlen | – |

Der Traktorenhersteller Zetor besteht aus zwei Werken: dem in Tschechien ansässigen Unternehmen mit Namen Zetor in Brünn, aus einem Rüstungshersteller hervorgegangen, und dem Unternehmen ZTS im slowakischen Martin. Zetor ist allerdings die Marke, die nach Deutschland exportiert wird.

Die Traktoren wurden ab 1947 zunächst nach Dänemark verkauft und machten die Marke dort bekannt. Motoren und Getriebe wurden selbst hergestellt. Seit 1956 werden sie auch in der Bundesrepublik angeboten, der Generalimporteur Semex versorgt seit 1958 die Zetorkunden mit Neumaschinen und Ersatzteilen.

Auch in der ehemaligen DDR dürfte so mancher Zetor gelaufen sein, die Wirtschaftsbeziehungen im damaligen Ostblock waren ja eng geknüpft.

1970 war Zetor immerhin mit 451 verkauften Einheiten mit 0,7 % an den Neuzulassungen in Deutschland beteiligt, allerdings so ziemlich als letzter der bekannten Traktorenhersteller in der Statistik. Immerhin aber zum Beispiel vor Valmet.

Um die siebziger Jahre herum waren die Zetor-Traktoren, obwohl sehr preisgünstig, noch nicht attraktiv genug, um große Marktanteile in Deutschland oder Europa erreichen zu können.

**Technische Daten Zetor 4511**

| | | | |
|---|---|---|---|
| Motor | Zetor-Saugdiesel Direkteinspritzer | Gewicht (kg) | 2480 |
| Zylinder | 4 | Getriebe/Gänge (V/R) | Zetor 10/2 |
| Bohrung × Hub | 95 × 110 | L × B (mm) | 3670 × 1850 |
| Hubraum (cm³) | 3118 | Geschwindigkeit (km/h) | 25 |
| Leistung (kW/PS) | 33/45 | Baujahr/Prod.-Zeitraum | 1968 |
| Drehzahl (U/min) | 2000 | Besonderheiten | Blockbauweise |
| Kühlung | Wasser | Stückzahlen | – |

Um die Absatzzahlen auch in westlichen Ländern steigern zu können, wurde 1969 mit dem Typ Crystal ein 80-PS-Traktor entwickelt, der den dortigen Konkurrenzprodukten Paroli bieten sollte.

Die Idee hatte Erfolg, immer mehr Landwirte sahen im Zetor eine billige, robuste, anspruchslose Alternative.

Obwohl Zetor genannt, werden die leistungsstarken Modelle im Werk Martin von ZTS hergestellt.

Der Zetor 12245 ist ein Vertreter dieser Klasse. Als Motorhersteller wird in den Unterlagen ausdrücklich ZTS genannt. Die Allrad-Vorderachse kommt noch von Zetor. Die 12-Volt-Anlage bedient einen 24-Volt-Anlasser. Der 130-l-Tank ist nicht gerade groß. Die Bereifung 13–28 vorne und

20.8-38 hinten ist üppig dimensioniert, wobei im ehemaligen Ostblock gerade die Bereifung immer ein Problem darstellte. Besonders Ersatz war manchmal schwierig zu beschaffen.

Für die technische Anspruchslosigkeit spricht der mit üppigen 6,8 Liter Hubraum ausgestattete Saugmotor (dafür wiegt er auch 610 kg) und das Getriebe mit „nur" 8 Gängen. Außerdem ist der Traktor nur 30 km schnell. Der Fendt Farmer 311 bot 21/6 Gänge und, wie auch Deutz zum Zetor-Sechszylinder-Saugmotor mit rund 100 PS die Alternative in Form eines Vierzylinder-Turbomotors.

Mit etwas über DM 60000.– für einen 100-PS-Schlepper war der Zetor aber wirklich preisgünstig.

## Technische Daten Zetor 12245

| Motor | Zetor-Saugdiesel Z 8002.1, Direkteinspritzer | Gewicht (kg) | 4500 |
|---|---|---|---|
| Zylinder | 6 | Getriebe/Gänge (V/R) | Zetor 8/8, alle Vorwärtsgänge lastschaltbar |
| Bohrung × Hub | 110 × 120 | L × B (mm) | 4665 × 3080 |
| Hubraum (cm³) | 6800 | Geschwindigkeit (km/h) | 30 |
| Leistung (kW/PS) | 79,2/108 | Baujahr/Prod.-Zeitraum | 1993/ab 1984 |
| Drehzahl (U/min) | 1920 | Besonderheiten | Zetor-Vorderachse, 24-Volt-Anlasser |
| Kühlung | Wasser | Stückzahlen | – |

Natürlich achteten die Importeure auf Qualität, die der westlichen möglichst nahe kam. Vielleicht wurde aus diesem Grund in die Zetor-Allradschlepper eine italienische Carraro-Achse, die damit vom Konkurrenten Same kam, eingebaut.

1994 konnte Zetor mit 533 neu zugelassenen Einheiten (1,9 %) auf den 12. Platz der Rangliste aufsteigen, noch vor Renault, allerdings hinter Same und Steyr und sogar Belarus!

Der 6340 ist noch mit einem Saugmotor ausgerüstet. Das Getriebe hat eine Lastschaltung, die Geschwindigkeit liegt immer noch bei 30 km/h. Die 40-km-Variante ist als Zusatzausstattung seit 1998 zu haben.

Der 6340 lag bei einem Preis von knapp DM 35000.–. Dafür gab es den vergleichbaren Deutz AgroXtra natürlich nicht, er lag bei über DM 60000.–. Der John Deere 3200 war ebenfalls fast doppelt so teuer wie der Zetor, ebenso der Fendt Farmer 260 S.

Der Besitzer ist nach Traktoren der Marken Fordson, Deutz D 6006 und 5506 seit vielen Jahren überzeugter Zetorfahrer und ist mit den Maschinen sehr zufrieden.

**Technische Daten Zetor 6340**

| | | | |
|---|---|---|---|
| Motor | Zetor-Saugdiesel Z 7701, Direkteinspritzer | Gewicht (kg) | 3920 |
| Zylinder | 4 | Getriebe/Gänge (V/R) | Zetor 10/2 + Lastschaltung |
| Bohrung × Hub | 102 × 120 | L × B (mm) | 3495 × 1980 |
| Hubraum (cm³) | 3922 | Geschwindigkeit (km/h) | 30 |
| Leistung (kW/PS) | 50/68 | Baujahr/Prod.-Zeitraum | 1996 |
| Drehzahl (U/min) | 2200 | Besonderheiten | Carraro-Vorderachse |
| Kühlung | Wasser | Stückzahlen | – |

Im Traktorenwerk Schönebeck ging Ende 1967 der ZT 300 in die Serienproduktion. Er sollte als leistungsstarke Neuentwicklung ältere Traktorentypen ablösen und die DDR-Landwirtschaft modern motorisieren.

Ab 1971 kam der ZT 303 hinzu, der mit einem zusätzlichen Vorderradantrieb versehen war. Eingebaut wurde dazu die angetriebene Vorderachse des Lkw 50 LA.

Die Traktorenbaureihe ZT 300 wurde in der Folgezeit laufend weiter entwickelt, bis für das Schönebecker Werk 1990 das wirtschaftliche Aus kam.

1993 hoffte die Firma Schlüter in Schönebeck produzieren zu können. Die Fertigung der Schlüter-Modelle erwies

sich bei der LTS Landtechnik Schlüter aber als zu teuer und zu unrentabel, sodass dieser Weg auch zu nichts führte.

Heute werden in den Produktionsanlagen Systra-Traktoren gebaut, leichte Allrad-Trac-Schlepper mit Allradlenkung. Das bewerkstelligen rund 270 der einst über 5000 Beschäftigten. Außerdem wird in Schönebeck der Trac 160 gebaut, ein in Aussehen und technischer Ausstattung dem MB-Trac nachempfundener Traktor, mit dem diese Technik und diese Maschinen einen würdigen Nachfolger gefunden haben.

## Technische Daten Radtraktor Fortschritt ZT 303

| | | | |
|---|---|---|---|
| Motor | Nordhausen-Viertakt-Saugdiesel F4VD14,5/12-1SWR | Gewicht (kg) | 5000 |
| Zylinder | 4 | Getriebe/Gänge (V/R) | 9/6 |
| Bohrung × Hub | 120 × 145 | L × B (mm) | 4650 × 2120 |
| Hubraum (cm³) | 6560 | Geschwindigkeit (km/h) | 28 |
| Leistung (kW/PS) | 73,5/100 | Baujahr/Prod.-Zeitraum | 1982/ab 1967 |
| Drehzahl (U/min) | 1850 | Besonderheiten | Vorderradantrieb mit Selbstsperrdifferenzial |
| Kühlung | Wasser | Stückzahlen | insgesamt alle Ausführungen: über 90000 |